EPLAN Electric P8
官方教程

覃　政　吴爱国　张　俊 **主编**

王　阳　赖怡利　刘文龙　鲁　文　钱海洋　吴玉鹏 **参编**

机械工业出版社

本书致力于帮助初学者有效学习 EPLAN 平台的 EPLAN Electric P8 软件，通过具体操作步骤达到熟练操作的目的。本书单元章节严格按照 EPLAN 培训中心 DOCUCENTER ELECTRIC P8 V2.7 的专业培训步骤来编辑，让读者可以通过自学的方式达到专业培训的效果，配合 DOCUCENTER ELECTRIC P8 V2.7 培训软件效果更佳。

本书内含大量的专业的术语解释和操作命令菜单，让读者易理解 EPLAN语言，操作直接明了，简单易懂。本书可作为企业电气设计者、院校学生、EPLAN Electric P8 软件爱好者的基础培训用书，亦适合专业的 EPLAN Electric P8 培训机构作为培训用书。

图书在版编目（CIP）数据

EPLAN Electric P8 官方教程/覃政，吴爱国，张俊主编 . —北京：机械工业出版社，2019.5

ISBN 978-7-111-62383-0

Ⅰ. ①E… Ⅱ. ①覃… ②吴… ③张… Ⅲ. ①电气设备 – 计算机辅助设计 – 应用软件 – 教材 Ⅳ. ①TM02-39

中国版本图书馆 CIP 数据核字（2019）第 058224 号

机械工业出版社（北京市百万庄大街 22 号　邮政编码 100037）
策划编辑：王　康　责任编辑：王　康　于苏华
责任校对：杜雨霏　封面设计：马精明
责任印制：孙　炜
北京中兴印刷有限公司印刷
2019 年 5 月第 1 版第 1 次印刷
169mm×239mm · 20.75 印张 · 404 千字
标准书号：ISBN 978-7-111-62383-0
　　　　　 ISBN 978-7-89386-212-0（光盘）
定价：69.80 元（含 1DVD）

序

当今社会正在从工业 3.0 走向工业 4.0，制造业企业都在探索与实践通过数字化技术、先进的工艺与装备技术提高产品研制的效率，以实现在设计制造过程中 CAX（CAD、CAM、CAE、CAPP 等）一体化及与后端的 CNC、CMM 的集成；实现在生产系统管理中 ERP、SRM、CRM、MBOM、MES 等的集成应用；实现在产品全生命周期过程中 PDM、PLM 的一体化。这就要求企业必须从传统的学科独立、数据不相关、串行研发方式过渡到全面机电一体化的研发模式。

机电一体化设计过程是指基于单一的产品和过程知识源，为机械、电气/自动化、软件和电气互联技术的关联开发提供完整的协同环境。数字化企业平台在通用框架内为各个工程领域建立通用数据模型。各个开发团队可以将精力放在自己的专业领域，同时在相关环境中合作以实现整体开发目标。机电一体化系统工程的实现需要在功能上解决快速响应客户需求，机械、电气、软件/控制跨学科交叉，跨信息化平台集成，全生命周期协同，建立硬件与软件的边界互联等问题，在实施部署上要以构建企业数字化生态为蓝图，这才是在短期能够改进企业研发效率，在长期能够支撑企业智能制造战略的卓有远见的企业信息化系统建设方案。

因此，企业在构建机电一体化系统工程研发平台时，通用研发数字化模型的构建显得尤其重要，其理论基础源于基于模型的系统工程（MBSE）。机电一体化系统越来越复杂，不同学科、不同领域之间相互交叉、相互融合，任务系统的设计与集成、验证与确认也面临着沟通、效率、周期、成本等诸多挑战。基于 MBSE 的机电一体化系统工程研发体系构建从概念设计阶段开始，贯穿整个开发过程及后续的生命周期阶段。结合 MBSE "双 V" 流程模型，驱动仿真、产品设计、实现、测试、综合、验证和确认环节。目的是打通系统不同组件、不同学科之间的联系，提高设计的准确性，构建能复用的知识系统，实现系统设计的集成，从而能够更容易地构建满足用户要求的机电一体化产品。

EPLAN Solution 这一基于 MBSE 的机电一体化系统工程解决方案会指导用户如何建立起基于 MBSE 的机电一体化工程设计。

首先，构建统一的主数据系统。在 EPLAN 工程设计元器件库中已经包含了超过 100 万种电子元器件数据，几乎包含了全球所有主流的电子元器件厂商的工程元器件模型数据，这些数据除了图纸之外，还包含生产、安装、制造等信息，用户在设计过程中可随意调用，极大地提高了机电一体化的设计效率。

其次，在企业完成基于模型的工程数据定义过程中，EPLAN 提供了一系列的设计工具和方法帮助企业高效工作。比如预设计、流体与电气原理图设计、PLC 数据交互、二维/三维线束设计、生产制造以及运行调试和维护、机电软跨学科协同、面向订单的快速配置设计、协同与信息交互云平台等。

此外，EPLAN Experience 的机电一体化系统工程实施方法论指导用户从 IT 架构、平台设置、标准规范、产品结构、设计方法、工作流程、过程整合、基于 PRINCE2 的项目管理这八个方面来确保项目成功实施。

本套 EPLAN 系列教程由 EPLAN 国内专业服务团队倾心编撰。本套教程的编写基于德国最先进的机电一体化设计方法论，吸纳全球 EPLAN 客户和合作伙伴成功的实践经验，结合作者团队逾十年服务于中国市场客户的经验，旨在帮助国内从事机电一体化相关研发设计工作的读者系统学习基于 EPLAN 的机电一体化设计技术。

相信本套教程将帮助国内的广大读者重新正确认识机电一体化系统工程技术，帮助制造业企业从战略和战术上全面武装研发团队，从而更好地"智能"研发与"创新"，让企业发展和产业发展再攀新高。

黄 培

e-works 数字化企业网总编、CEO

前　言

　　EPLAN 是威图软件系统（ Rittal Software System）的组成部分，隶属于 Friedhelm Loh Group。EPLAN 在全球拥有超过 900 名员工，超过 50 个分支机构。依赖于其全球最大百万级工程设计元器件云平台，19 种语言，近 300 个全球生产商，80 个国家，20 万工程用户，每月百万次下载，EPLAN 作为全球领先的工程设计制造方案提供商，是机电一体化软件领域的行业领导者，同时引领工程设计自动化云战略。EPLAN 软件从诞生之初便随着全球工业化进程逐渐优化与完善，至今已成为业内最全面的机电一体化系统工程解决方案。

　　EPLAN 机电一体化系统工程解决方案中被最广泛熟知的工具为 EPLAN Electric P8，它是电气设计的核心工具。除此之外，解决方案还将流体、工艺流程、仪表控制、柜体设计及制造、线束设计等多种专业的设计和管理统一扩展，实现了跨专业多领域的集成与协同设计。在此解决方案中，无论做哪个专业的设计，都使用同一个图形编辑器，调用同一个元器件库，使用同一个翻译字典，形成面向自动化系统集成和工厂自动化设计的全方位解决方案。具体包含的工具和解决方案如下：

- EPLAN Experience：基于 PRINCE 2 的高效、低风险实施交付方法论；
- EPLAN Preplanning：用于项目前期规划、预设计及面向自控仪表过程控制的设计工具；
- EPLAN Electric P8：面向电气及自动化系统集成的设计工具；
- EPLAN Smart Wiring：高效、精准的智能布线工具；
- EPLAN Fluid：液压、气动、冷却和润滑设计工具；
- EPLAN Pro Panel：盘柜 3D 设计，仿真工具；
- EPLAN Harness proD：线束设计和发布工具；
- EPLAN EEC One：快速配置式设计和自动图纸发布工具；
- EPLAN Cogineer：模块化配置式设计和自动发布工具；

■ EPLAN Data Portal：在线即时更新的海量元器件库；

■ EPLAN ERP/PDM/PLM Integration Suite：与 ERP/PDM/PLM 知名供应商的标准集成接口套件；

■ EPLAN Syngineer：机械工程、电气/控制工程以及 IT /软件工程跨学科协同平台。

为了帮助国内从事机电一体化相关研发设计工作的读者系统学习基于 EPLAN 机电一体化设计技术的系列设计工具，EPLAN 国内专业服务团队针对上述所有 EPLAN 解决方案或产品撰写了 EPLAN Solution 指导教程。

本书是根据 EPLAN 全球通用培训教程《DOCUCENTER Electric P8 Basic Course V2.7》编写而成的 EPLAN Electric P8 教学用书。本书 65 个单元都以实践为导向的例子进行叙述，包括专业名词解释和具体操作步骤，按照单元步骤循序渐进地学习便可以良好地掌握 EPLAN Electric P8 的基本操作。通过本书，您将学习到如下知识：

■ 如何采用 EPLAN Electric P8 进行多电气工程项目规划、检查、归档与管理；

■ 如何采用 EPLAN Electric P8 进行基于数据库的快速详细的电气原理设计；

■ 如何采用 EPLAN Electric P8 遵循的多种标准，例如 IEC、NFPA、GOST、中国国家标准等，以及软件中提供的合乎相应标准的主数据和示例项目来进行电气设计或多"标准转换"。

■ 如何采用 EPLAN Electric P8 进行电气设计面向工艺、生产等业务流程的数据发布，例如自动生成接线图的详细报告，为项目生产、组装、调试和服务等阶段提供所需的数据；

■ 如何采用 EPLAN Electric P8 进行面向 ERP/PDM/PLM 的跨平台数据发布和集成；

　　……

本书涉及的示例和解释说明都是通过本地安装 EPLAN 后自带的主数据。本书涉及的软件版本是 EPLAN Electric P8_V2.7 、《DOCUCENTER Electric P8 Basic Course V2.7》-EN 。

书中若有疏漏和不足，恳请广大读者批评指正！

编　者

目　　录

第1单元
工 作 区 域

为了高效地进行绘图工作，在针对不同的任务时，需要使用不同的工具菜单、导航器窗口等。这些可以通过工作区域来实现快速地切换。

▤ 本单元练习的目的：

■ 更改工作区域

🗐 对应 Docucenter 的编号：

■ 无

1.1 术语解释

1. 工作区域

（1）在 EPLAN 主菜单，单击【项目数据】>【设备/部件】>【2D 安装板布局导航器】，如图 1-1 所示。

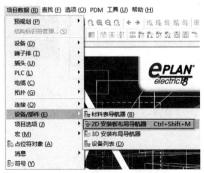

图 1-1 2D 安装板布局导航器菜单

（2）在工具栏空白处，右击选择【编辑图形】，如图 1-2 所示。

图 1-2   调整工具栏

（3）如图 1-3 所示，工作区域中出现了 2D 安装板布局导航器和编辑图形工具栏。

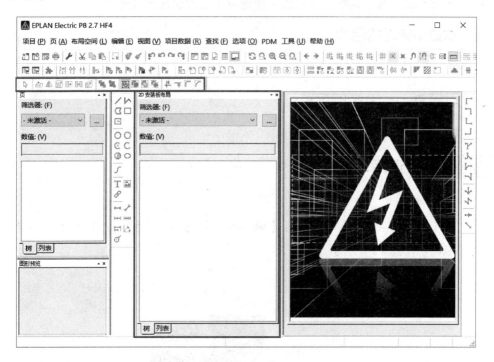

图 1-3   工作区域调整结果

2. 创建工作区域

（1）将该工作区域保存为新的工作区域。单击【视图】>【工作区域】，如

图 1-4 所示。

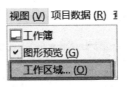

图1-4　工作区域菜单

（2）在弹出的工作区域对话框中，单击【新建】按钮，在新配置对话框中，输入新的名称，并单击【确定】，如图1-5所示。

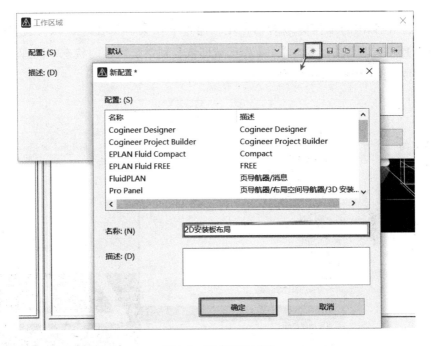

图1-5　新建工作区域

（3）单击保存，在弹出的覆盖对话框中单击【确定】，再单击工作区域窗口中的【确定】，如图1-6所示。至此，工作区域已经存储在配置"2D 安装板布局"中。

3. 切换工作区域

当前工作区域是已经调整过了的，方便 2D 安装板布局设计使用的界面。那怎样切换回原来的界面呢？请按下面的步骤操作。

（1）单击【视图】>【工作区域】。

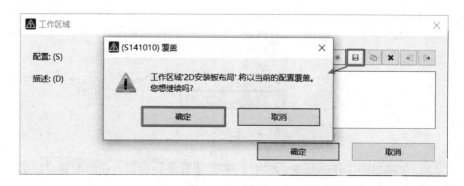

图 1-6　2D 安装板布局

（2）在弹出的工作区域对话框中，通过下拉菜单选择"默认"配置，如图 1-7 所示。并单击【确定】。工作区域即恢复到系统默认的状态。同理，可以使用此方法切换到其他的工作区域。

图 1-7　选择配置

1.2　思考题

? 为什么设置工作区域切换的功能？

第2单元
用户界面结构

用户界面是用户和软件之间的交互接口。

本单元练习的目的：

■ 用户界面结构
■ 工具栏、标题栏、状态栏和菜单栏
■ 固定、浮动窗口技术
■ 图形编辑器窗口
■ 双显示器方案
■ 工具栏调整
■ 快捷键

对应 Docucenter 的编号：

■ 无

用户界面由标题栏、菜单栏、工具栏、状态栏和图形编辑窗口组成，还可以包含页导航器和图形预览等窗口，如图 2-1 所示。

2.1 术语解释

1. 标题栏

标题栏是 EPLAN 窗口的标题，它包含了软件版本信息及附加信息，如图 2-1 所示。版本信息包含软件的名称、版本以及补丁版本。

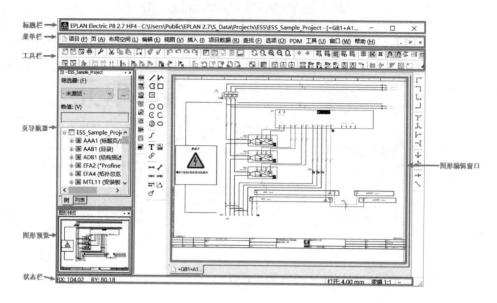

图 2-1   用户界面

（1）软件名称：EPLAN Electric P8
（2）软件版本：2.7
（3）补丁版本：HF4

附加信息显示了当前打开的项目路径、名称以及图纸页号。

2. 菜单栏

菜单栏及其下拉菜单包含软件提供的所有命令，如图 2-2 所示。其他命令调用方式（如快捷键、工具栏命令）能获取的命令都能在这里找到。菜单栏包括项目、页、布局空间、编辑、视图、项目数据、查找、选项、工具及帮助菜单等（具体菜单内容与软件授权有关）。

3. 工具栏

工具栏可以将菜单命令排列在窗口中，以达到快速访问菜单命令的目的。其作用与通过下拉菜单调用是相同的。

图 2-1 中的工具栏是系统默认的设置。可以对工具栏进行调整和用户自定义。

图 2-2   菜单栏及其下拉菜单

4. 状态栏

状态栏用来显示与当前操作相关的简短提示。如当按〈CTRL＋C〉时，状态栏显示的信息如图 2-3 所示。从左到右显示的内容依次为：当前鼠标的坐标位置、命令提示、栅格状态、页面比例。

| RX: 52.00　RY: 61.25 | 选择要复制的对象 | 打开: 4.00 mm | 逻辑 1:1 | ~ |

图 2-3　状态栏

2.2　命令菜单

- 快捷键设置:
  - ➤ 选项 > 设置 > 用户 > 管理 > 快捷键

2.3　操作步骤

2.3.1　固定、浮动窗口

（1）打开任意项目，并打开一页原理图，如图 2-4 所示。图形编辑器窗口

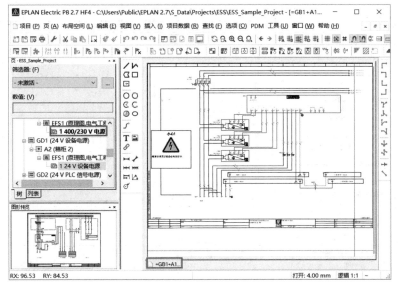

图 2-4　打开一页原理图

下方显示一个选项卡。并且打开的页在页导航器中以黑体标注。

（2）在页导航器中，右击另外一页，选择【在新窗口中打开】（见图2-5），结果如图2-6所示。

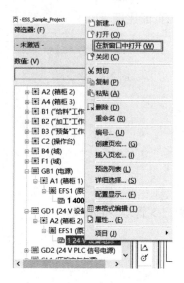

图2-5 在新窗口中打开页

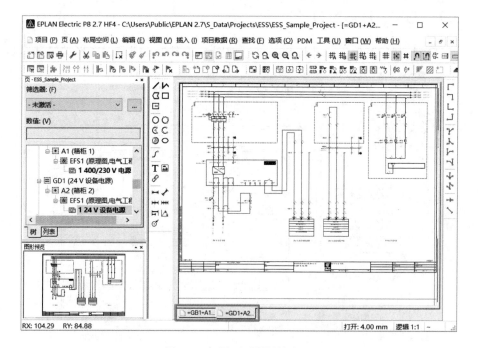

图2-6 打开两页图纸的窗口

（3）单击菜单栏后方的退出最大化按钮 ⬚，可见两个图形编辑窗口均已退出最大化（见图2-7）。右击窗口边框可见当前窗口状态为"子窗口"。

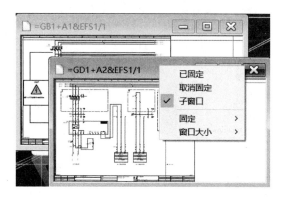

图 2-7　子窗口

（4）单击取消固定，然后可以将该窗口拖动到主窗口之外的任意区域，并可以通过拖拽调整窗口大小，如图2-8所示。此时窗口的状态为"浮动窗口"。

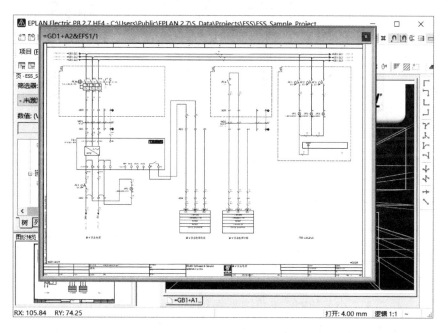

图 2-8　浮动窗口

右击浮动窗口，选择【固定】>【上】（见图2-9），可以将窗口固定在相应的方向上。此时窗口为"固定窗口"，如图2-10所示。

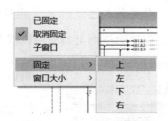

图 2-9　窗口固定命令

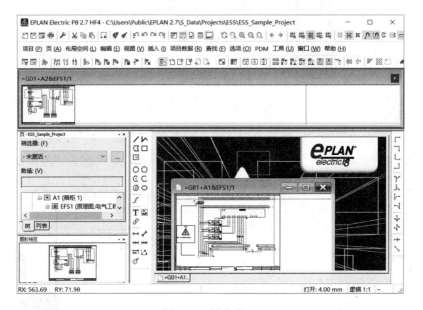

图 2-10　固定窗口

2.3.2　双显示器设置

　　为了画图方便，有时会使用两个显示器来显示 EPLAN 的窗口，这样可摆放更多的窗口，如图 2-11 所示。

　　(1) 设置第二个显示器为扩展模式。

　　(2) 按 2.3.1 小节的方法，将图形编辑窗口设置为浮动窗口形式，即可将窗口拖拽到第二个显示器显示。

　　(3) 单击导航器窗口标题栏，并按住鼠标左键，可将导航器拖拽到第二个显示器。

　　(4) 使用同样的方法，将工具栏拖拽到第二个显示器。

图 2-11　双显示器显示

> 提示：
>
> 按〈Ctrl〉键可防止拖拽的窗口自动固定。

2.3.3　显示或隐藏工具栏

在工具栏空白处，右击并选择【编辑图形】，则能够显示编辑图形工具栏，如图 2-12 所示。再次勾选则取消显示。

图 2-12　显示工具栏

2.3.4　快捷键

本节以设置打开项目的快捷键为例，讲解如何自定义快捷键。可以此类推，创建其他的快捷键。

（1）单击【选项】>【设置】，并找到【用户】>【管理】>【快捷键】，如图 2-13 所示。

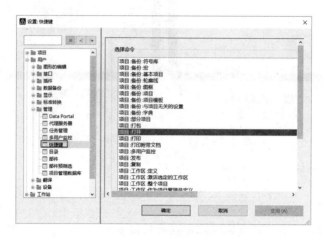

图 2-13　快捷键编辑窗口

（2）在选择命令列表中，找到【项目：打开】，单击【创建】，在弹出的创建快捷键对话框中，同时按下〈Ctrl + O〉键，并单击【确定】。已设定的快捷键将显示在设定的快捷键窗口中。如图 2-14 所示。

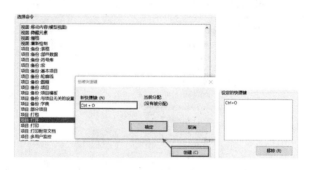

图 2-14　创建快捷键

（3）单击【确定】退出设置窗口。在 EPLAN 界面同时按下〈Ctrl + O〉键即可弹出打开项目窗口。

2.4　思考题

？无

第3单元
新 建 项 目

绘制一套图纸，首先需要创建一个项目。创建项目是创建原理图页和绘制原理图内容的前提。

本单元练习的目的：

- 创建项目
- 编辑项目属性
- 设置项目图框

对应 **Docucenter** 的编号：

- 📄 Documentation center >> BASIS_003.1

3.1 术语解释

1. 项目

在 EPLAN 中可以创建原理图及其从属文档（如列表和总览）等，作为项目内的页。项目作为一个数据库，其中存储了项目页及全部项目中的已使用的主数据（符号、图框、表格和部件数据等），如图 3-1 所示。可以说，一个项目是多种文档和数据的集合。

图 3-1　项目的组成

项目包含项目文件（＊．elk）以及保存数据库和项目已使用的主数据的路径（＊．edb），如图 3-2 所示。

项目文件可有不同的文件扩展名，例如：

＊．elk：标准项目。

＊．elp：已打包的项目。

＊．elr：已关闭的项目/参考项目。

ESS_Sample_Project.edb
ESS_Sample_Project.elk

图 3-2   项目文件

2. 项目模板

建立一个新项目时，必须指定一个模板。该模板可以是项目模板或基本项目。通过使用模板，可以将模板中的项目设置、项目数据、图纸页等内容传递到新建的项目中。

> 提示：
>
> EPLAN 安装路径中提供了多种符合 GB、IEC 等标准的项目模板和基本项目。也可以根据已有的项目创建项目模板。

3. 图框

图框定义了原理图页的页面大小和方向。它们也确定了原理图的标题栏、栅格，以及对原理图页的行、列细分。

图 3-3 为显示了路径（列）和栅格的图框。

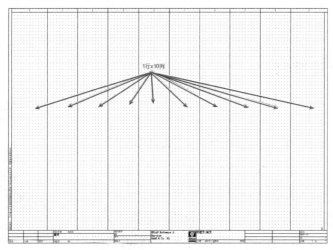

图 3-3   图框

3.2　命令菜单

- 创建项目：
  - ➤【项目】>【新建】
- 编辑项目属性：
  - ➤【项目名称】（右击）>【属性】
  - ➤【项目】>【属性】
- 设置图框：
  - ➤【选项】>【设置】>【项目】>【项目名称】>【管理】>【页】

3.3　操作步骤

3.3.1　创建项目

（1）单击菜单：【项目】>【新建】，或单击工具栏中的 按钮，如图 3-4 所示。

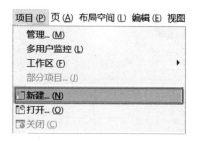

图 3-4　新建项目命令

（2）在弹出的创建项目窗口中（见图 3-5），输入项目名称。

（3）选择保存位置。此处保存位置默认为变量 $（MD_PROJECTS），它指向【选项】>【设置】>【用户】>【管理】>【目录中的项目路径】。

（4）选择项目模板。此处选择基本项目为模板，并选择基本项目 EA_ Sample_Project. zw9。

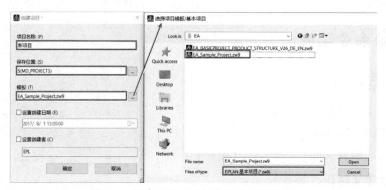

图 3-5   新建项目对话框及基本项目选择

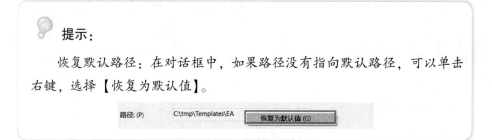

提示:

恢复默认路径:在对话框中,如果路径没有指向默认路径,可以单击右键,选择【恢复为默认值】。

(5) 默认弹出项目属性编辑窗口,如图 3-6 所示。单击【确定】,项目即创

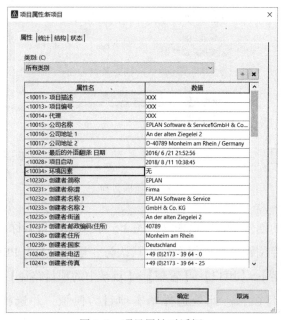

图 3-6   项目属性对话框

建完成。

 提示：

EPLAN 没有保存命令。它是实时自动保存的，任何操作（新建、删除、修改等）完成后，系统都会自动保存。

3.3.2　打开页

展开页导航器中的"＋"号，直到【标题页/封页】，双击打开【标题页/封页】，打开如图 3-7 所示的图纸页。

可按同样的方法，打开其他图纸页。

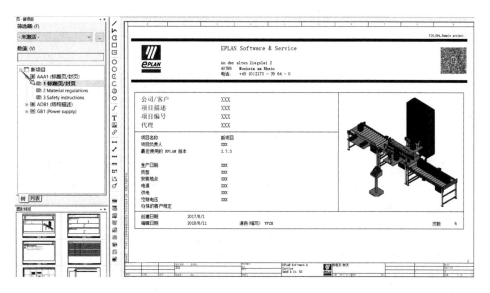

图 3-7　打开页

 提示：

可双击展开或折叠树形结构。

3.3.3　编辑项目属性

由图 3-8 可见，标题页/封页中的一些信息为"×××"，接下来修改这些信息。

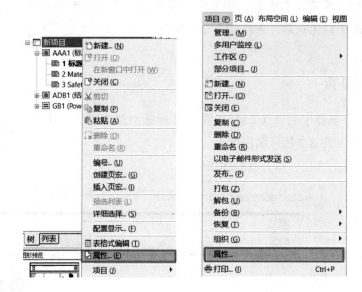

图 3-8　编辑项目属性命令

（1）右击项目名称，选择【属性】，或者单击菜单：【项目】>【属性】。

（2）在弹出的项目属性窗口中（见图 3-9），对当前内容为"×××"的属性进行修改，修改内容见表 3-1。

表 3-1　项目属性及其数值

属 性 名	数 值
<10011> 项目描述	磨床
<10013> 项目编号	001
<10014> 代理	EPLAN
<10025> 项目负责人	EPLAN
<10031> 项目：类型	磨床，类型 1
<10032> 安装地点	厂房 17/段落 B
<10042> 生产日期	2016/2017
<10100> 客户：简称	Muster GmbH
< ESS. Project. Control_Voltage > ESS 控制电压	24V DC
< ESS. Project. Supply_Cable > ESS 电源	NYM 5 ×6mm^2
< ESS. Project. Power_Feed_Values > ESS 供电	400V　50Hz　50A

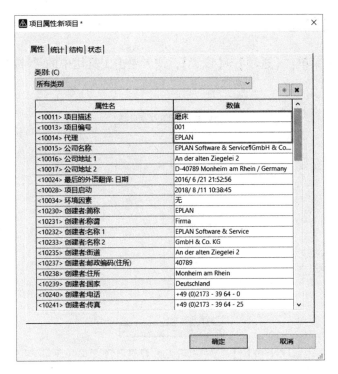

图 3-9　项目属性窗口

（3）修改完成后，单击【确定】。此时可以看到，标题页/封页中的内容已经更改，如图 3-10 所示。

公司/客户	Muster GmbH
项目描述	磨床
项目编号	001
代理	EPLAN
项目名称	新项目
项目负责人	EPLAN
最近使用的 EPLAN 版本	2.7.3
生产日期	2016/2017
类型	磨床,类型 1
安装地点	厂房 17/段落 B
电源	400 V 50 Hz 50 A
供电	NYM 5x6 mm²
控制电压	24 V DC
特殊的客户规定	

图 3-10　标题页内容

3.3.4　设置图框

（1）单击菜单：【选项】>【设置】，或者单击工具栏中的 🔧 按钮，如图 3-11 所示。

图 3-11　打开设置

（2）在弹出的设置对话框中，找到【项目】>【新项目】>【管理】>【页】，在图 3-12 右侧可见，默认图框为 FN1_013。

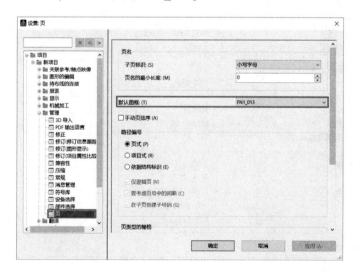

图 3-12　图框设置

（3）单击下拉菜单中的查找，在图 3-13 所示的选择图框对话框中，选择图框 FN1_001 并打开。

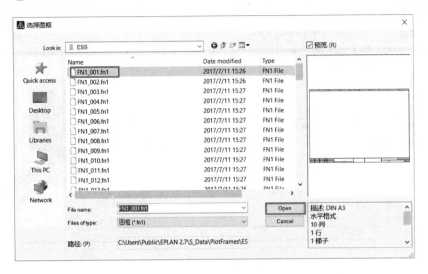

图 3-13　查找图框

对比图 3-14 和图 3-15，可见更改图框前后的不同之处。

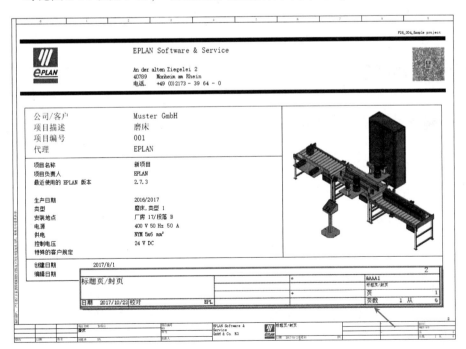

图 3-14　更改图框前

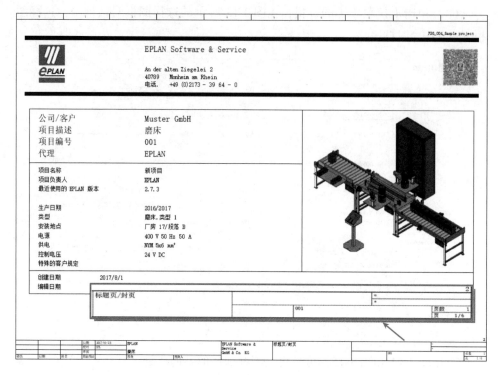

图 3-15　更改图框后

3.4　思考题

? 替换图框有什么好处？

第4单元
对话框页属性/新页

　　创建页是创建原理图的前提。本单元通过创建完整页名为"= E01 + A1&EFS1/1"和"= E01 + A2&EFS1/1"的多线原理图页来练习页的操作。

本单元练习的目的：

- 导航器的树形和列表形形式
- 新建页
- 页类型
- 页属性
- 删除、重命名、复制和浏览页
- 图形预览

对应 Docucenter 的编号：

- Documentation center >> BASIS_004. 1

4.1 术语解释

1. 页

　　项目中的原理图、端子图、电缆图表、项目描述（文本）、结构图纸（图形、DXF 等）和图片等各类图纸都体现在页中。页是原理图、报表等内容的载体，它可以通过打印方式输出为纸质的图纸。如封页、目录页、端子图表等。

图 4-1 所示为多线原理图页。

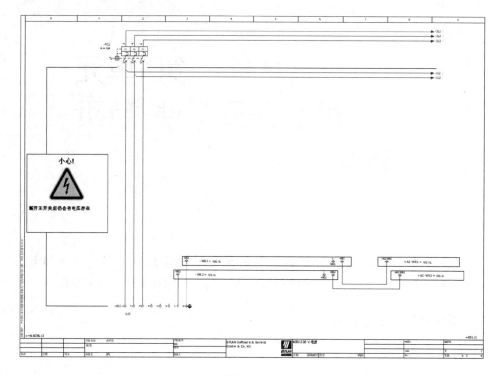

图 4-1 页

2. 页类型

每个页都有一个特定的页类型。不同类型的页针对不同的用途：如多线原理图页用来绘制多线图；单线原理图页用来绘制单线图；安装板布局图用来绘制柜体的安装图等。页类型在新建页时选定，但之后可修改。

页类型可以给用户带来更便捷的操作，如快速筛选、加速报表执行等。不同的页类型使用不同的图标表示，见表 4-1。

表 4-1 不同页类型的符号

图 标	含 义
	多线原理图页
	单线原理图页
	流体工程的原理图页
	管道及仪表流程图的页

（续）

图　标	含　义
	对象标识符已确认用于其构建的页面
	图形页（"图形"页类型）
	安装板布局页
	总览页
	拓扑页
	预规划页
	自动生成页（所有报表：总览、列表和图）
	带有不确定"外部文档"的页。如果已在计算机上安装了程序，则将显示所属的图标，否则为此处显示的"中性"图标
	已打开的符号
	已打开的图框
	已打开的表格
	已打开的轮廓／已打开的构架

3. 页导航器

项目中可包含各种类型的页。页导航器是访问页的一个入口，它列出了项目中所有的页。页导航器界面如图 4-2 所示。

图 4-2　页导航器

在页导航器中可选择以列表或树结构显示项目的页。此处可执行基于页的重要编辑操作，例如创建、打开、复制、删除、导出和导入页、页编号和编辑页的核心数据等。

4. 图形编辑器

借助图形编辑器可创建原理图和布局图纸（例如图形、总览图纸、安装板布局图纸、配置图纸、布线图等）。图形编辑器支持通用的键盘操作，操作基本符合 Windows 操作习惯。

4.2　命令菜单

- 新建页：
  - ➤【页】>【新建】
  - ➤ 页导航器空白处 > 右击 >【新建】
- 编辑页属性：
  - ➤ 页导航器中选择页 > 右击 >【属性】
- 复制页：
  - ➤ 页导航器中选择页 > 右击 >【复制】；页导航器空白处 > 右击 >【粘贴】。
- 缩放页面：
  - ➤ 图形编辑器中滚动鼠标滚轮。
- 移动页面：
  - ➤ 图形编辑器中按住鼠标滚轮 > 移动
- 重命名页：
  - ➤ 页导航器中选择页 > 右击 >【重命名】
  - ➤ 页导航器中选择页 > 页 >【重命名】
- 删除页
  - ➤ 页导航器中选择页 > 右击 >【删除】

4.3　操作步骤

4.3.1　新建页

（1）在菜单栏单击【页】>【新建】，或者在页导航器空白处单击鼠标右键，选择【新建】，如图4-3所示。

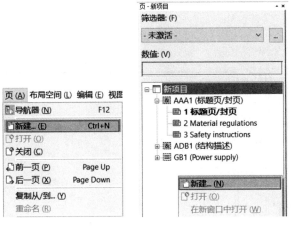

图4-3 新建页命令

（2）在弹出的"新建页"窗口中（见图4-4），单击"完整页名"后面的 ... ，将弹出"完整页名"窗口。按表4-2的信息依次填入，并单击【确定】。

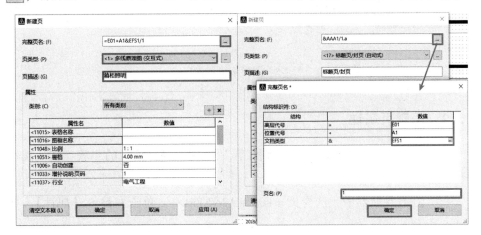

图4-4 新建页窗口

表4-2 填入的内容

在完整页名窗口中填入：	
高层代号	E01
位置代号	A1
文档类型	EFS1
页名	1
在新建页窗口中填入/选择：	
页类型	多线原理图（交互式）
页描述	箱柜照明

多线原理图页 = E01 + A1&EFS1/1 即创建完成，如图 4-5 所示。目前页面还只是空白页面。

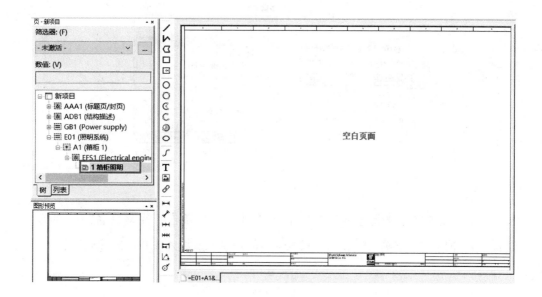

图 4-5   图形编辑器窗口

4. 3. 2   编辑页属性

本节以编辑属性 "创建者的特别注释" 为例，讲解编辑的步骤。其他属性类同。

（1）在页导航器中，选择页 = E01 + A2&EFS1/1，单击右键 > 【属性】，如图 4-6 所示。

（2）在弹出的 "页属性" 对话框中（见图 4-7），单击属性栏中的 ❋，打开属性选择窗口，找到属性名 "创建者的特别注释" 并单击 【确定】。

注：若属性名 "创建者的特别注释" 已经出现在页属性窗口中，则无需单击 ❋ 查找。

（3）为属性名 "创建者的特别注释" 填写数值/内容，如图 4-8 所示。

图 4-6　编辑页属性

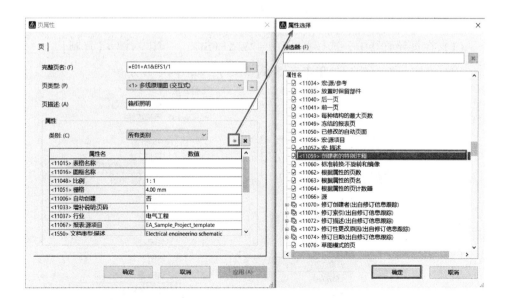

图 4-7　页属性对话框

属性名	数值
<11058> 外部文档	
<1530> 文档类型(主标识符):描述	Electrical engineering schematic
<11091 1> 块属性: 格式 [1]	
<11030> 图号	
<12025> 起始值(列)	0
<11901 5> 增补说明 [5]	
<1850> 产品:描述	
<11059> 创建者的特别注释	我建的第一页图

图 4-8　编辑属性值

> 提示：
>
> 在属性选择的筛选器中，输入关键词，可快速筛选包含关键词的属性名。
>
>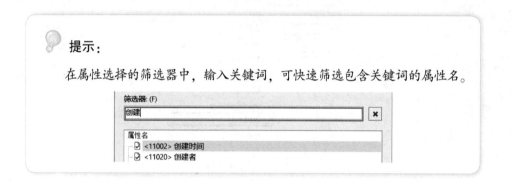

4.3.3　复制页

（1）在页导航器中，选择页 = E01 + A2&EFS1/1，单击右键 >【复制】。

（2）在页导航器空白处单击右键 >【粘贴】，如图 4-9 所示。

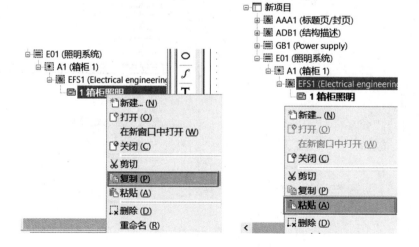

图 4-9　页的复制粘贴命令

（3）在弹出的粘贴选择窗口中（见图 4-10），选择最上面的页宏，并单击【确定】。

注：如果没有弹出此窗口，则直接进入下一步。

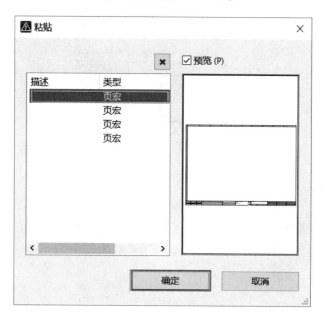

图 4-10　粘贴选择窗口

（4）在调整结构窗口中，按图 4-11 内容填写，并单击【确定】。

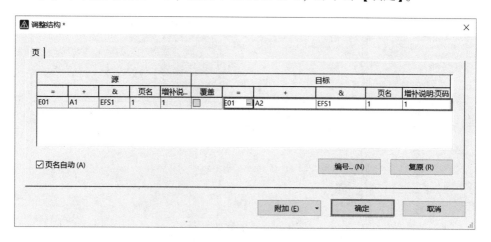

图 4-11　内容填写

至此，成功复制出一页 = E01 + A2&EFS1/1，如图 4-12 所示。

图 4-12　复制的页

4.3.4　浏览页

在图形编辑器中，通过缩放页面（滚动鼠标滚轮）和移动页面（按住鼠标滚轮>移动）将图纸右下角放大并移动到图形编辑器中间，此时可以清楚地看到图框中的信息，如图 4-13 所示。

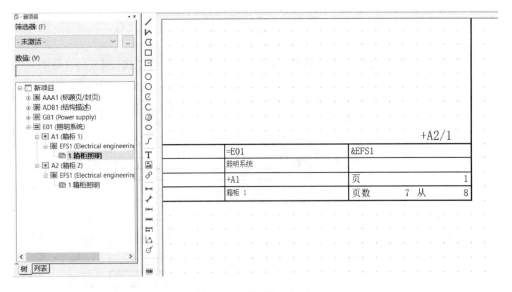

图 4-13　页的移动放大

按键盘〈page up〉和〈page down〉进行上下翻页，并注意图框中的内容和导航器的对应关系。在图形编辑器中打开的页，在导航器中以粗体标注。

提示：

在页导航器中，也可用双击的方式快速打开页。

　　窗口左下角为图形预览窗口。单击页导航器中的不同页面，观察图形预览窗口的变化。

4.3.5　重命名页

　　（1）在页导航器中，选择页 = E01 + A2&EFS1/1；
　　（2）右击选择【重命名】，或选择菜单命令【页】>【重命名】，如图 4-14所示。

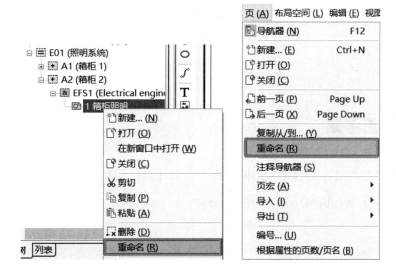

图 4-14　重命名命令

　　（3）在页名处，直接输入新的页名即可，如图 4-15 所示。

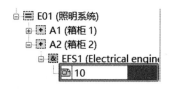

图 4-15　直接编辑页名

4.3.6 删除页

在页导航器中，右击【页】，选择【删除】命令即可删除页，如图 4-16 所示。

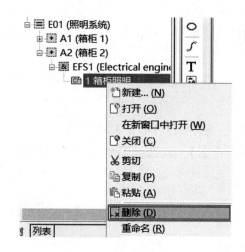

图 4-16 删除页命令

4.4 思考题

❓ 尝试在页导航器中，不同的页上右击【新建页】，看看有什么不同？能否在页属性窗口中对页进行重命名？

第5单元
数据准备

在开始使用 EPLAN 之前，需要对系统主数据、部件库、字典库等进行设置。EPLAN 软件安装完成后，这些都有了默认设置。但为了配合本书的练习步骤，需要使用 Docucenter 的主数据和部件库。

本单元练习的目的：

- 修改系统主数据路径
- 设置部件库
- 设置字典

对应 Docucenter 的编号：

- 无

5.1 术语解释

1. Docucenter

Docucenter 是 EPLAN 德国推出的面向全球范围的培训文档。它包含了学员练习使用的主数据和练习步骤。

2. 系统主数据

系统主数据是独立于项目之外的，在创建、编辑项目时需要用到的数据。

如图框、表格、部件、符号等。

3. 部件库

所有的部件都是存储在部件库中，他可以是 Access 数据库形式，也可以是 SQL 数据库形式。

4. 字典

EPLAN 的字典包含了文字的各种语言翻译，使用字典功能，可以实现在图纸中对文本进行语言切换显示或多语种同时显示。

5.2　命令菜单

- 设置路径：
  - ➤【选项】>【设置】>【用户】>【管理】>【目录】>【复制】
- 新建部件库：
  - ➤【选项】>【设置】>【用户】>【管理】>【部件】>【新建】
- 导入部件库：
  - ➤【工具】>【部件】>【管理】>【附加】>【导入】
- 新建字典：
  - ➤【选项】>【设置】>【用户】>【翻译】>【字典】>【新建】
- 导入字典：
  - ➤【工具】>【翻译】>【编辑字典】>【附加】>【导入】

5.3　操作步骤

5.3.1　Docucenter 主数据导出

（1）启动 Docucenter，并通过选择左下角的语言，将界面语言切换为英文（目前只有德语和英语版本），如图 5-1 所示。

（2）单击【Exercise project/Master data】，在弹出的窗口中（见图 5-2），选择文件存储路径。此处默认选择 "C：\ tmp"。单击【OK】。

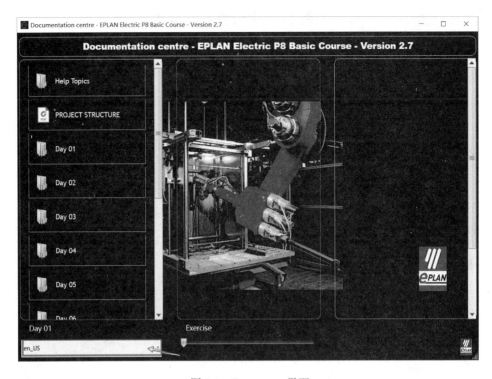

图 5-1　Docucenter 界面

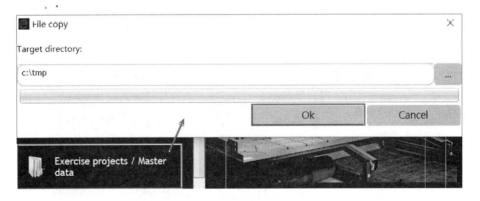

图 5-2　主数据导出

5.3.2　设置系统主数据路径

为了使 EPLAN 可以访问 Docucenter 导出的系统主数据，需要在 EPLAN 中对其系统主数据路径进行设置。

（1）启动 EPLAN，并单击【选项】>【设置】，如图 5-3 所示。

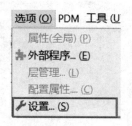

图 5-3　设置命令

（2）打开设置对话框，并找到【用户】>【管理】>【目录】，如图 5-4 所示。此时的配置为"默认目录"。

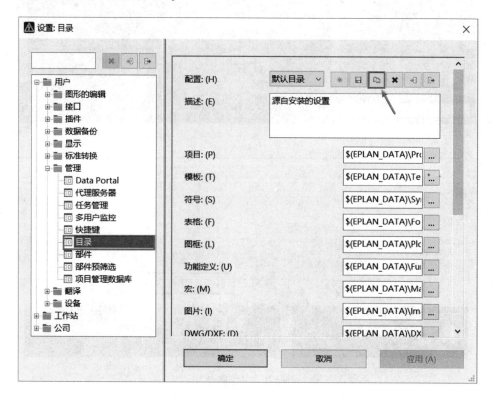

图 5-4　主数据路径设置窗口

（3）单击图 5-4 中的复制 命令，弹出的"复制配置"对话框中（见图 5-5）填入配置的名称和描述，并单击【确定】。

（4）根据 C：\ tmp 路径下系统主数据的实际位置，对各项内容的路径进行

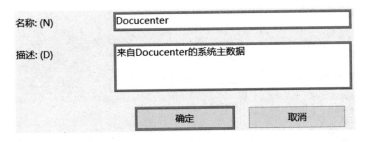

图5-5　输入配置的名称

设置。如果 C：\ tmp 中没有对应的文件夹，则保留默认设置，如图5-6所示。完
成后单击保存 回 。

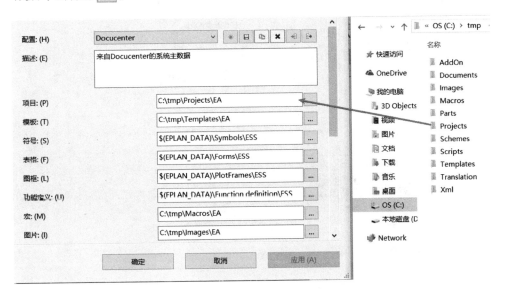

图5-6　修改路径

5.3.3　设置部件库

（1）单击【用户】>【管理】>【部件】，打开部件设置界面，如图5-7
所示。

（2）单击部件库名称后的新建 ✳ 命令，在弹出的"生成新建数据库"窗口
中，输入新的部件库名称并打开，结果如图5-8所示。完成后单击【确定】退
出设置对话框。

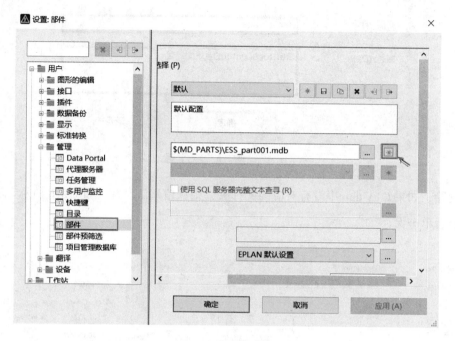

图 5-7 新建部件库

图 5-8 新的部件库名称

提示：

　　恢复默认路径：在对话框中，如果路径没有指向默认路径，可以单击右键，选择【恢复为默认值】。

（3）单击【工具】>【部件】>【管理】，打开部件管理窗口，如图5-9所示。

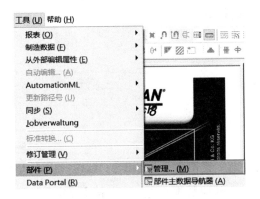

图5-9　部件管理命令

（4）在部件管理窗口中（见图5-10），单击【附加】>【导入】。

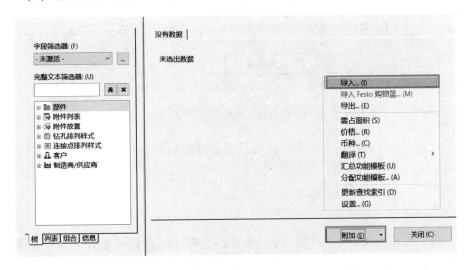

图5-10　部件管理

（5）在弹出的导入数据集窗口中（见图5-11），选择文件类型为"EPLAN Data Portal 交换格式（EDZ）"。

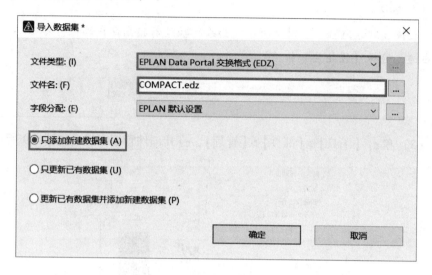

图 5-11　导入部件

（6）在文件名后面，单击更多按钮 ⋯ ，选择"COMPACT. edz"文件。

（7）选择"只添加新建数据集"，并单击【确定】。

（8）如有图5-12所示的询问窗口，选择【全部为是】。

图 5-12　覆盖询问窗口

至此，部件数据导入完毕，完成后的部件库如图5-13所示，单击【关闭】即可。

5. 3. 4　设置字典

（1）使用5.3.3节的步骤（1）和（2），在【用户】>【翻译】>字典下新建名称为"Docucenter字典"的字典，完成后如图5-14所示。

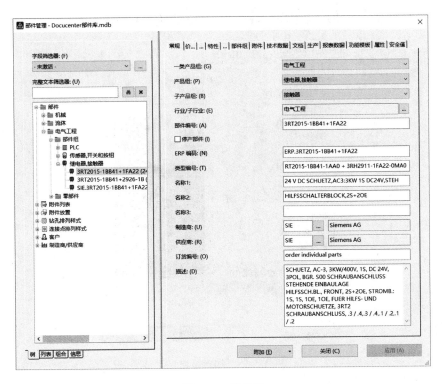

图 5-13　部件库

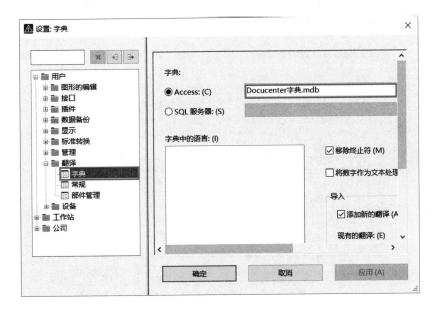

图 5-14　字典设置

（2）单击【工具】>【翻译】>【编辑字典】，打开字典，如图 5-15 所示。

图 5-15　编辑字典

（3）单击【附加】>【导入】，如图 5-16 所示。

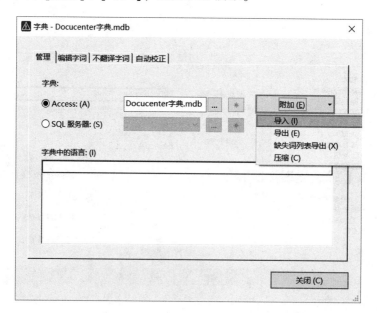

图 5-16　字典

（4）在弹出的导入字典对话框中（见图5-17），选择"translate_sample. etd"文件，并单击【打开】。

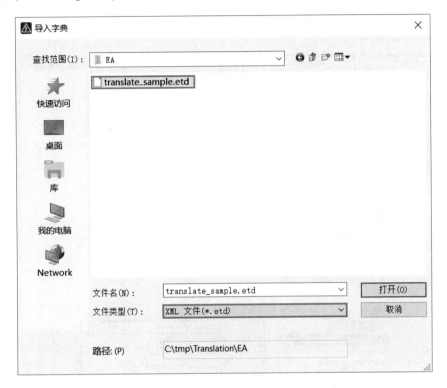

图 5-17　导入字典

（5）在图5-18的选择源语言窗口中，选择任一语言，并单击【确定】。

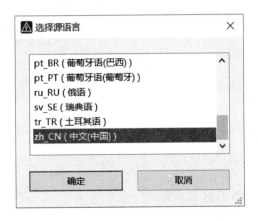

图 5-18　选择源语言

（6）如有"语言不存在"窗口弹出（见图5-19），选择【全部为是】。

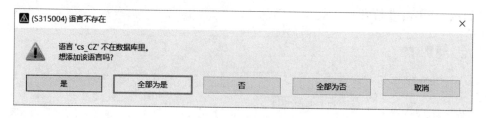

图 5-19 语言不存在窗口

至此，字典创建并导入数据完毕。完成后的字典如图5-20所示，单击【关闭】即可。

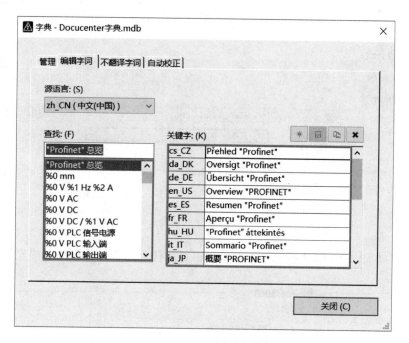

图 5-20 Docucenter 字典

5.4 思考题

❓ 为什么 EPLAN 有这么多数据？

第6单元
图 形 编 辑

参与者学习如何使用设备创建原理示意图。

本单元练习的目的：

- 部件主数据导航器
- 插入设备
- 通过工具栏选择符号
- 多重放置
- 插入结构框符号
- 连接件

对应 Docucenter 的编号：

- Documentation center >> BASIS_006. 1

6.1 术语解释

1. 部件管理

部件管理的含义来源于对主数据的管理，在供应关系中和数据交换时尤其重要。因此 EPLAN 提供一个固有模块以便进行如下操作：

（1）储存最重要的部件和供应商专有信息，并将其和当前编辑的项目联系起来。

（2）管理多语种信息和不同的货币。

（3）根据需要把价格折算成另一种货币。

（4）导入和导出数据，如特定制造商的部件数据。

这时，将在一个 Microsoft Access 数据库或一个 SQL 服务器数据库中管理相应的数据库，并在部件管理对话框的标题栏中显示当前已选择的数据库。

2. 符号

为了能简便地绘制电路图，就需要符号。它包含了诸多的信息，如图形元素、连接点、对符号组的分配、逻辑等。符号和功能之间的关系如下：

（1）符号不表示功能，比如角、T 节点。

（2）符号表示一种功能，比如常开触点、常闭触点。

（3）符号表示多种功能，比如电机保护开关、三相熔断器。

（4）符号表示一个功能的一部分，比如设备连接点、转换触点销。

符号库是用来管理符号的，一个符号库可包含任意多的符号。在编辑符号时不得打开和重写整个符号库，而只能打开和重写修改的符号。这就减少了当多位使用者同时编辑符号库时可能出现的问题。

3. 设备

在 EPLAN 中，设备分为"常规"设备（包括例如电机、熔断器、阀等）和"专用"设备（包括例如端子、电缆、PLC 连接点、黑盒等）。

EPLAN 中的常规设备或元件符合下列要求：

1）通过符号选择插入。

2）EPLAN 建议使用可正常修改的设备标识符。

3）可添加标签，并可个性化格式化标签。

4）生成自动连接。

5）被列入报表。

6）可修改基本功能的逻辑，以改变设备的特性（例如关联参考显示特性）。

7）将自动识别关联参考，并可显示关联参考。

8）可为功能、连接和设备分配设备保护。设备保护首先适用于已分配给一个设备的部件。

9）针对专用设备，还存在特殊的编辑和报表功能。

4. 连接符号

如果两个符号连接点准确水平或垂直对立放置，则始终在原理图中两个符号之间自动绘制连接线（Autoconnecting）。这些自动连接线将被识别为原理图中符号之间的电气连接，并针对其生成报表。

通过插入连接符号，可以影响自动连接的构架。

连接符号：母线。通过单独功能，即"母线连接点"完成 EPLAN 母线设计。

6.2 命令菜单

- 主数据导航器
  - ➤【工具】>【部件】>【部件主数据导航器】
- 插入设备
  - ➤【插入】>【设备】
- 插入符号
  - ➤【插入】>【符号】
- 插入母线连接点
  - ➤【插入】>【盒子/连接点/安装板】>【母线连接点】
- 编辑属性
  - ➤【编辑】>【属性】

6.3 操作步骤

6.3.1 打开部件主数据导航器

单击菜单【工具】>【部件】>【部件主数据导航器】，如图 6-1 所示。

图 6-1 部件主数据导航器

6.3.2 插入设备

（1）从部件主数据导航器中插入设备。根据 Documentation center＞＞BASIS_006.1 右上侧的设备型号，复制"-EA"的材料型号"RIT.4138140"，如图 6-2 所示。

在部件主设备导航器中筛选出所需部件后，鼠标单击该部件并拖拽至右侧绘图区，如图6-3 所示，此部件便在原理图中插入了。

图 6-2 从部件主数据导航器中插入设备

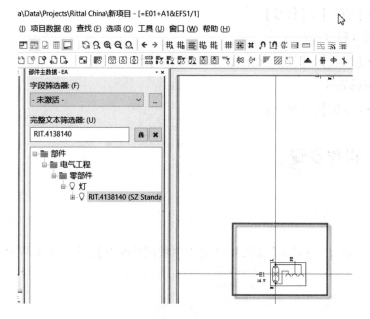

图 6-3 在原理图插入设备

（2）直接插入设备。通过单击菜单【工具】>【插入】>【设备】，直接筛选型号"RIT.4138140"后直接插入。

6.3.3 编辑属性

利用6.3.2 节介绍的方式完成 Documentation center＞＞BASIS_006.1 中四个

设备的插入，并通过单击菜单栏【编辑】>【属性】或直接双击设备或选择设备鼠标右键>【属性】打开设备的属性界面，如图 6-4 所示，按照 Documentation center>>BASIS_006.1 将四个设备按照要求重命名，得到如图 6-5 所示原理图。

图 6-4　编辑设备属性

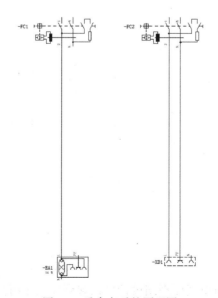

图 6-5　重命名后的原理图

6.3.4 插入母线连接点

通过单击菜单栏【插入】>【盒子/连接点/安装板】>【母线连接点】，或直接单击菜单栏图形▦，插入母线连接点"-WE2"，完成 Documentation center >> BASIS_006.1，如图6-6所示。

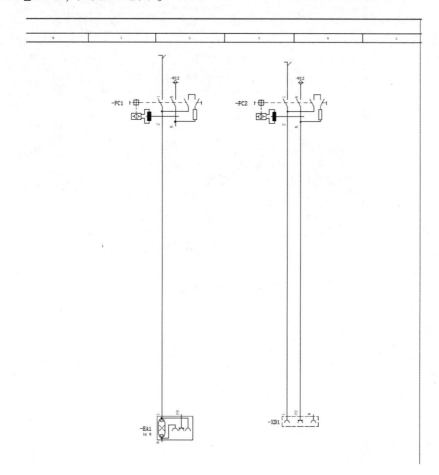

图6-6 BASIS_006.1完成

6.4 思考题

? 部件主数据对电气原理图设计可以起到什么作用？

第7单元

中 断 点

介绍给参与者中断点连接器的使用并学习通过导航器中"放置"功能给连接器。

本单元练习的目的:

- 中断点导航器
- 放置中断点
- 部件属性
- 菜单栏"中断点"和"显示"

对应 Docucenter 的编号:

- Documentation center >> BASIS_007. 1

7.1 术语解释

1. 中断点

中断点可以实现在原理图中引入一个连接、网络、电位或信号,中断点名称可以是信号的名称。在使用中不区分源中断点和目标中断点,源、目标中断点会被自动判定。

中断点的两端都可以连接。如果不希望这样,可以通过一个连接断点阻止此连接。

2. 中断点关联参考

中断点构成关联参考，此关联参考可分为两类：

（1）星形关联参考

在星形关联参考中一中断点被视为出发点，具有相同名称的所有其他中断点参考该出发点。在出发点显示一个对其他中断点关联参考的可格式化列表，在此能确定应该显示多少并排或上下排列的关联参考。

（2）连续性关联参考

在连续性关联参考中，始终是第一个中断点提示第二个，第三个提示第四个等，提示始终从页到页进行。

另外还可在一连串关联参考的第一个箭头显示所有其他箭头的关联参考（可设置为每页一个）。这些能如同在星形源处被格式化。

在连续中断点中可以在中断点排序对话框中设置成对构成的顺序，另外还可以通过在中断点输入一个序号实现排序，此时星号旁的序号用于影响目标号。

每个中断点都有一个配对物。如果 EPLAN 无法找到配对物，就会被识别为错误并输入到信息管理。

7.2　命令菜单

- 插入中断点
  - ➢【插入】>【连接符号】>【中断点】
- 编辑中断点属性
  - ➢【编辑】>【属性】
- 在插入符号时改变符号变量
  - ➢插入符号 > 用【Tab】键来改变符号变量
- 中断点导航器
  - ➢【项目数据】>【连接】>【中断点导航器】

7.3　操作步骤

根据 Documentation center >> BASIS_007.1，在图纸中插入中断点 "=GB1 – 1L1" 和其配对物，以及 "=GB1 – 1L2" 和其配对物。

在插入左侧代表进电的中断点时，在插入时通过【Tab】键把符号变量从 A 换成 E，每个符号都有 8 个变量。

也可以打开中断点导航器，建立中断点后再直接拖拽至原理图中，如图 7-1 所示。

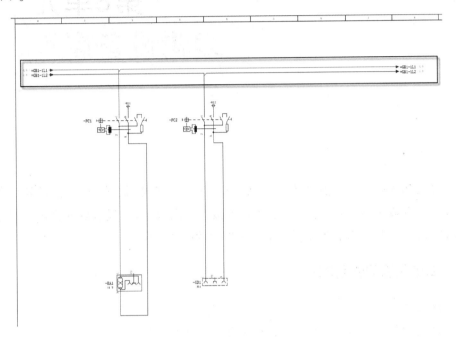

图 7-1　插入中断点

中断点完成后，可以看到关联参考已经显示在符号周围，单击某一中断点，通过大写"F"键可自动跳转至其配对物。

7.4　思考题

❓ 中断点的出现解决了原理图设计中的哪些问题？

第8单元
编辑设备属性

在 EPLAN 中，设备分为"常规"设备（例如电机、熔断器、阀等）和"专用"设备（例如端子、电缆、PLC 连接点、黑盒等）。设备的属性可以通过编辑和显示不同设置属性来满足电气原理图的设计要求。

本单元练习的目的：

■ 显示设备属性
■ 通过属性显示菜单的新建按钮调出设备子类属性
■ 连接点代号/连接点描述
■ 属性块编辑

对应 Docucenter 的编号：

■ 无

8.1 术语解释

1. 标识字母

在 EPLAN 中可设定各种标识字母集的不同标准、国家和客户。标识字母也可能由多个字符组成，例如 KT 或 KTP。导出和导入标识字母集。导出时，保存与功能定义相关的标识字母；导入时，标识字母重新分配给这些功能定义。

在项目设置（【设备】>【编号（在线）】）中确定用于项目的标识字母集

（如 DIN）。此后，将某个特定标识字母分配给每个功能定义。创建某种功能时，导入设备标识符中功能定义的相应标识字母，但不能手动修改。标识字母始终固定记录在功能中，而不是作为参考。

2. 连接点代号

可为某个功能定义的每个连接点最多定义十个连接点代号建议。这些数据暂存储于各自的功能定义中。连接点代号标识了连接点。

创建某项功能时，将连接点代号预设置为"1"。在连接点逻辑对话框中，可修改连接点代号。从下拉列表中选择一个记录，或输入一个固有连接点代号。连接点代号始终固定记录在功能中，而不是作为参考。

3. 连接点描述

可为某个功能定义的每个连接点最多定义十个连接点描述。这些数据暂存储于各自的功能定义中。连接点描述是额外的非标识性说明。

4. 块编辑

块编辑在所有对象上相似使用。首先必须选定待编辑对象，然后调用属性对话框，接着对象的共用属性被修改或相适应。

8.2　命令菜单

- 编辑设备属性
  - ➢【编辑】>【属性】
- 设备编号设置
  - ➢【选项】>【设置】>【项目】>【设备】>【编号（在线）】
- 设备标识设置
  - ➢【工具】>【主数据】>【标识字母】

8.3　操作步骤

（1）设备属性

新建一页（〈CTRL + N〉）并插入一个新的设备，例如插入设备"RIT. 2506100"，双击设备打开属性菜单。在界面上方可以看到有四个菜单栏分别是"插座""显示""符号数据/功能数据"和"部件"。在界面下方是属性的类别，可以在数值栏中设置属性名对应的信息，当属性不满足于设计时，可以通过斜上方小太阳标志来新建设备属性。如图 8-1 所示。

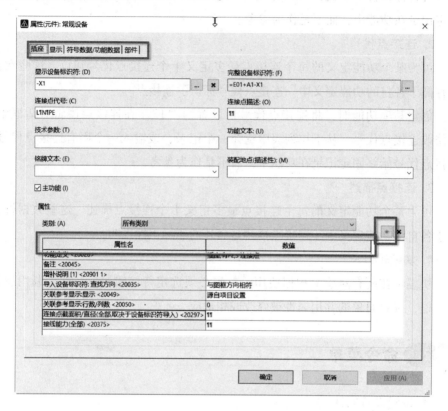

图 8-1　设备属性

（2）显示设备属性

单击图 8-1 上方菜单"显示"栏，打开显示设备属性配置界面，如图 8-2 所示，可以从"元件"和"连接点"两个方面来设置设备显示内容。在左侧有一排操作按钮，其意义分别为："新建属性""删除属性""属性位置上移""属性位置下移""取消固定在一起的属性""固定分开的属性"。

单击单独的属性，例如【增补说明〔1〕】，在右侧分配栏可直接分配其属性显示的格式。例如字号、颜色、方向等（此时方向灰色不可更改是因为与属性设备标识符（显示）固定在一起了，此时应先取消该属性的固定后再编辑）。

（3）设置设备编号

通过路径【选项】>【设置】>【项目】>【设备】>【编号（在线）】打开设置编号界面，如图 8-3 可通过该界面配置设备编号规则。

图 8-2 显示设备属性

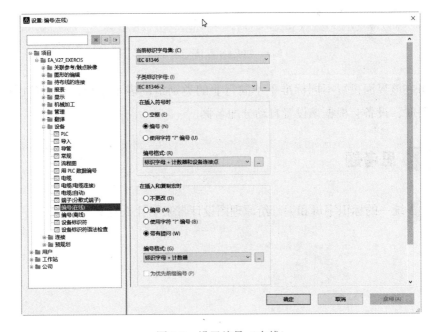

图 8-3 设置编号（在线）

（4）设置标识字母

通过路径【工具】>【主数据】>【标识字母】，打开标识字母设置默认界面，如图 8-4 所示。

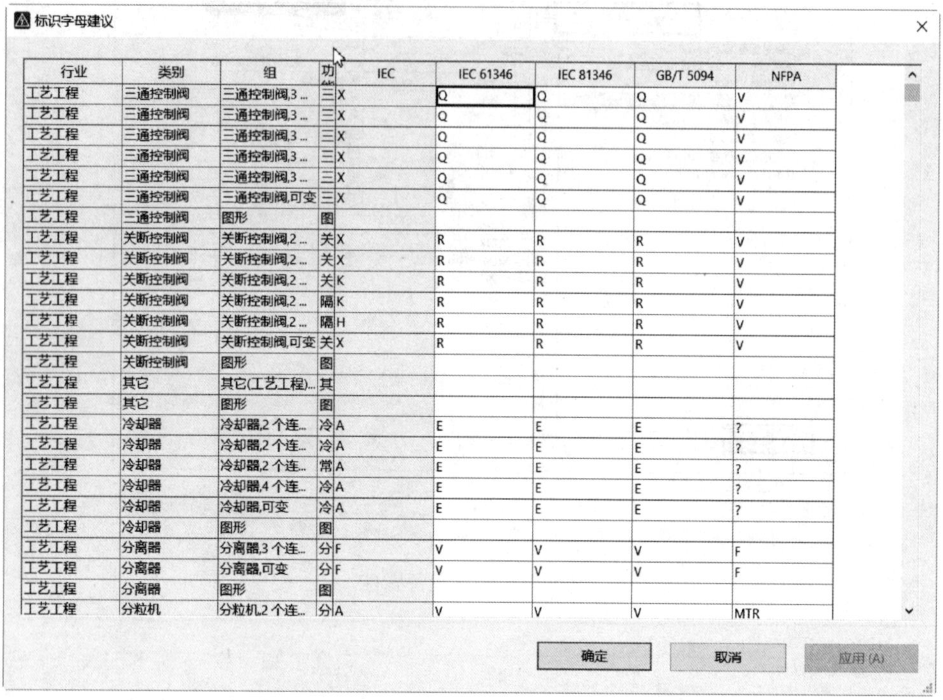

行业	类别	组	功	IEC	IEC 61346	IEC 81346	GB/T 5094	NFPA
工艺工程	三通控制阀	三通控制阀,3 ...	三	X	Q	Q	Q	V
工艺工程	三通控制阀	三通控制阀,3 ...	三	X	Q	Q	Q	V
工艺工程	三通控制阀	三通控制阀,3 ...	三	X	Q	Q	Q	V
工艺工程	三通控制阀	三通控制阀,3 ...	三	X	Q	Q	Q	V
工艺工程	三通控制阀	三通控制阀,3 ...	三	X	Q	Q	Q	V
工艺工程	三通控制阀	三通控制阀,可变	三	X	Q	Q	Q	V
工艺工程	三通控制阀	图形	图					
工艺工程	关断控制阀	关断控制阀,2 ...	关	X	R	R	R	V
工艺工程	关断控制阀	关断控制阀,2 ...	关	X	R	R	R	V
工艺工程	关断控制阀	关断控制阀,2 ...	关	K	R	R	R	V
工艺工程	关断控制阀	关断控制阀,2 ...	隔	K	R	R	R	V
工艺工程	关断控制阀	关断控制阀,2 ...	隔	H	R	R	R	V
工艺工程	关断控制阀	关断控制阀,可变	关	X	R	R	R	V
工艺工程	关断控制阀	图形	图					
工艺工程	其它	其它(工艺工程)...	其					
工艺工程	其它	图形	图					
工艺工程	冷却器	冷却器,2 个连...	冷	A	E	E	E	?
工艺工程	冷却器	冷却器,2 个连...	冷	A	E	E	E	?
工艺工程	冷却器	冷却器,2 个连...	常	A	E	E	E	?
工艺工程	冷却器	冷却器,4 个连...	冷	A	E	E	E	?
工艺工程	冷却器	冷却器,可变	冷	A	E	E	E	?
工艺工程	冷却器	图形	图					
工艺工程	分离器	分离器,3 个连...	分	F	V	V	V	F
工艺工程	分离器	分离器,可变	分	F	V	V	V	F
工艺工程	分离器	图形	图					
工艺工程	分粒机	分粒机2 个连...	分	A	V	V	V	MTR

图 8-4　EPLAN 默认标识字母

可在该界面设置不同标准下不同行业的类别组的表示字母，在原理图中插入设备时，设备会根据该设置自动分配名称。

8.4　思考题

? 统一的标识字母和编号给原理图设计带来了什么意义？

第9单元
路径功能文本

　　路径功能文本简化了文档，因为不必在每个元件上都录入功能文本。可在原理图路径内任意定位此文本，并在生成 PLC 关联参考时，在端子图和材料表中为此文本生成报表。

　　若不在元件旁录入固有功能文本，则在计算时从原理图路径中使用功能文本。

本单元练习的目的：

- 路径功能文本的基本原理
- 插入路径功能文本
- 功能文本（自动）
- 校准：激活功能文本位置框

对应 Docucenter 的编号：

- 📄 Documentation center >> BASIS_009. 1

9.1　术语解释

1. 文本位置框

　　在图形编辑器和表格编辑器中，位置框用于调整页或表格中一个特定的可用位置上的文本或占位符文本。为了调整一个位置框中的文本显示，可在文本/

占位符文本属性对话框的格式选项卡中使用不同的设置。例如可以借助固定文本宽度和固定文本高度这两个设置，根据一个位置框的宽度和高度调整文本。

尽管如此，仍可能出现这样的情况，在生成的报表中输出的文本相对于相应的位置框过长，或在完成翻译后，以多种语言显示的文本不再与位置框相匹配。在这种情况下，文本通常会被分割，或因多个语言重叠而无法辨读。

为了修正此类文本，可以调节位置框中的文本。在针对表格中的占位符文本进行相应准备的过程中，将在生成报表时自动执行调整。

为了通过缩放文本使其在不被分割的情况下适应于位置框，可使用允许调整文本显示属性。此复选框允许对文本进行比例缩放。

2. 功能文本和功能文本（自动）

如果在元件上未录入固有功能文本，则在报表中从原理图路径中使用已自动录入的功能文本。这时查找方向取决于所使用的图框。

为了能区分此处的功能文本是在元件上输入的还是自动生成的，在每个功能上都有属性功能文本和功能文本（自动）。

功能文本属性包含已手动输入的功能文本。

已自动录入功能文本（自动）属性并不能手动修改。如果不是空白的，则包含已手动输入的功能文本。否则在此处录入已在原理图中找到的路径功能文本。

9.2　命令菜单

- 插入文本
  - ➤【插入】>【图形】>【文本】
- 插入路径功能文本
  - ➤【插入】>【路径功能文本】
- 将路径功能文本扩展到路径
  - ➤【选项】>【设置】>【项目】>【图形的编辑】>【常规】

9.3　操作步骤

根据 BASIS_009.1 图纸给设备添加路径功能文本，有两种方式。

（1）插入文本后设置路径功能文本，操作如下：

1）插入文本。文本的插入点和应导入路径功能文本的元件的插入点位于一行中。在设备"-EA1"插入文本"Enclosure light"，设备"XD1"下方插入文本"Female receptacle"。

2）设置路径功能文本。全选刚插入的两个文本"Enclosure light"和"Female receptacle"，勾选【路径功能文本】，如图9-1所示，【确定】后，普通文本颜色变成了粉色，此时该文本已经成为路径功能文本。

图9-1　勾选路径功能文本

（2）直接插入路径功能文本。通过操作【插入】>【路径功能文本】来直接插入。

（3）激活文本框

为了调节一个位置框中的文本，作为前提条件必须已激活下列四个设置（位于文本属性对话框格式选项卡的位置框层结构下方）：

1）激活位置框。

2）固定文本宽度。

3）固定文本高度。

64   EPLAN Electric P8 官方教程

4）允许调整文本。

如图 9-2 激活文本框，在路径功能文本属性【格式】菜单中勾选上述四个设置。

图 9-2　激活路径功能文本位置框

（4）显示功能文本（自动）

如果在元件上未录入固有功能文本，则在功能文本（自动）属性中录入路径功能文本，打开设备属性菜单的显示栏，调出功能文本（自动），如图 9-3 所示，单击【确定】后在原理图中可以看到设备符号上已经显示出该设备的功能文本，此功能就是可以让设备在自身符号周围显示它的功能文本。

（5）路径功能文本扩展到路径

通过操作【选项】>【设置】>【项目】>【图形的编辑】>【常规】，如图 9-4 所示，勾选"将路径功能文本扩展到路径"，在这种情况下，路径功能文本将转

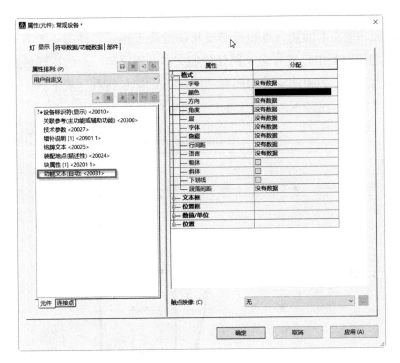

图 9-3　功能文本（自动）

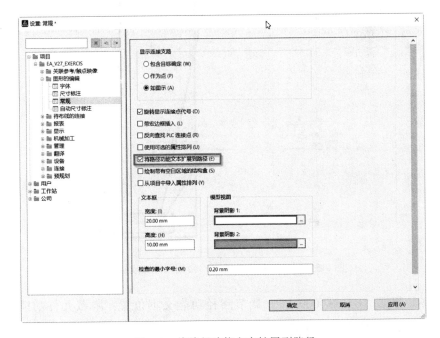

图 9-4　将路径功能文本扩展到路径

送至元件的功能文本（自动）属性中，无论其位于此原理图路径中的任何位置。当然，路径功能文本的插入点也没必要精确地位于相应元件的正下方/正上方。如果在原理图路径中已查找多个路径功能文本，则将第一个已找到的路径功能文本传输到元件上。为此（针对所有功能统一）从左到右、从下到上查找原理图路径。捕捉到该路径下的功能文本，如图9-5所示。

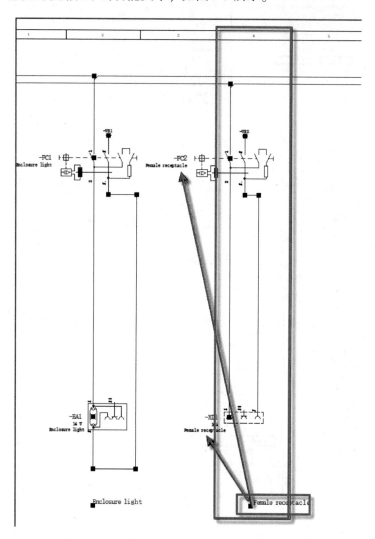

图9-5　同一路径下功能文本会被元件自动捕捉

（6）根据"BASIS_009.1"，调节路径功能文本位置，隐藏元件功能文本（自动）属性，如图9-6所示。

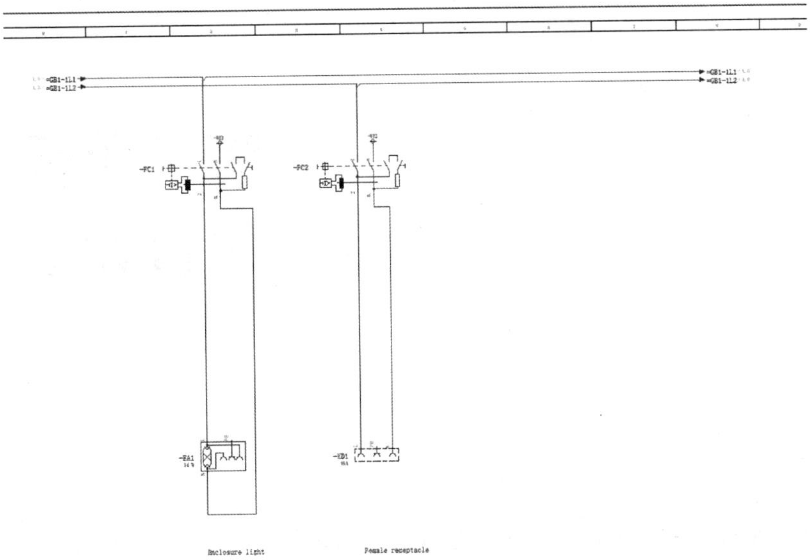

图 9-6　BASIS_009.1 完成

9.4 思考题

? 功能文本和普通文本有哪些区别？为什么 EPLAN 中会定义功能文本？

第10单元
插入/放置设备

将设备的第一个图形表示（符号或宏）、部件和所有功能或功能模板插入/放置在项目。

本单元练习的目的：

- 部件主数据导航器
- 通过工具栏选择符号
- 多重复制
- 插入结构盒符号
- 连接件

对应 Docucenter 的编号：

- Documentation center >> BASIS_010. 1

10.1　术语解释

1. 字段筛选器

此下拉列表中显示所有可用的筛选器。一个选定的筛选器自动激活并且既应用于树状图又应用于列表。条目"-未激活-"将取消该筛选器，并导致未筛选地显示数据。通过【...】打开筛选器对话框。在此可以创建、编辑、删除、复制、导出、导入和管理筛选器。

下拉列表筛选器的弹出菜单包含下列记录：

1）禁用。当设置了一个筛选器时该弹出菜单项可用，将筛选器设置重置回"-未激活-"条目。

2）激活 < 筛选器名称 >。当将筛选器设置为"-未激活-"条目时该弹出菜单项可用，重新激活最后一次激活的筛选器。

通过这种方式，可以在无筛选显示以及根据您要求进行筛选的其中一个显示之间进行快速切换。

2. 完整文本筛选器

在此框中输入想查找的文本，并单击 （查找）。接着，将在所有数据集字段中查找此文本，同时在树结构视图中也会考虑到"附件列表""附件放置""钻孔排列样式"和"连接点排列样式"主节点。为此在部件主数据导航器中选定所需的部件。

单击 （删除），以删除查找关键词并返回全部部件的显示。

3. 结构盒

结构盒内的所有元素可以分配给页属性中所指定结构标识符之外的其他结构标识符。元件与结构盒的关联将同元件与页的关联相同。结构盒并非设备，而是一个组合，仅向设计者指明其归属于原理图中一个特定的位置。

在确定完整的设备标识符时，如同处理黑盒中的元件一样来处理结构盒中的元件。也就是说，当结构盒的大小改变时，或在移动元件或结构盒时重新计算结构盒内元件的项目层结构。

10.2 命令菜单

- 部件主数据导航器
  - ➤【工具】>【部件】>【部件主数据导航器】
- 插入设备
  - ➤【插入】>【设备】
- 插入符号
  - ➤【插入】>【符号】
- 插入连接器
  - ➤【插入】>【连接符号】>【中断点】

- 编辑属性
  - ➢【编辑】>【属性】
- 插入结构盒
  - ➢【插入】>【盒子/连接点/安装板】>【结构盒】

10.3　操作步骤

根据 "BASIS_010.1" 创建原理图。

（1）创建一页新的原理图。结构和页描述如图 10-1 所示。

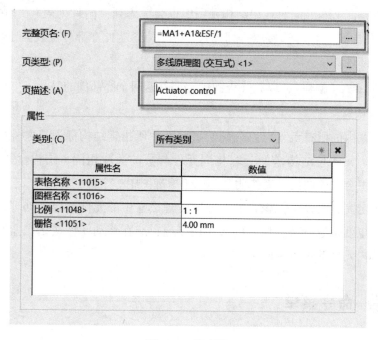

图 10-1　新建页

（2）根据 Device tag list（设备列表）插入设备 "-FC1" "-QA1" "-QA2" "-MA1"。此时可以直接通过【插入】>【设备】然后输入设备部件型号来插入，也可以先打开部件主数据导航器通过拖拽的方式插入。这里主要介绍第二种方式。

例　通过路径：【工具】>【部件】>【部件主数据导航器】打开部件主数据导航器，获取现有部件主数据的总览，在导航器的完整文本筛选器中添加想要寻找的部件型号。例如 "SIE. 3RV2011-1BA25"，如图 10-2 所示，通过拖拽技术可直接将部件/设备放置到原理图页，并进行编辑。

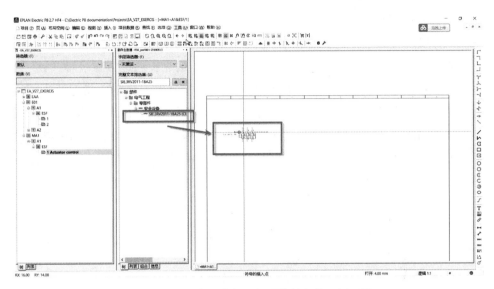

图 10-2   从部件主数据导航器推拽部件至原理图

四个设备插入后，发现电机的图形与文件"BASIS_010.1"不一致，选中电机【编辑】>【属性】，在符号数据/功能数据菜单栏里更换符号"编号/名称"为"307/M3_1"如图 10-3 所示。

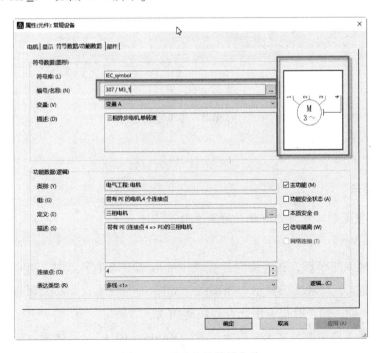

图 10-3   更改电机符号名称

（3）插入中断点。这里介绍一个新的功能——多重复制。通过多重复制命令可很方便的同时粘贴多个复制。

放置第一个中断点"＝GB1-2L1"作为副本，键盘中通过大写字母"D"可直接弹出多重复制的界面，如图10-4所示，在多重复制对话框中指定待生成元素的总数，此时我们填2，表示要复制2个副本中断点，"EPLAN自动生成已指定数量的副本，且副本之间的距离相等。该距离等于放置第一个副本的基准点和原设备的基准点之间的距离。"此时我们得到相同命名且等距离的三个中断点"＝GB1－2L1"，根据"BASIS_010.1"文件更改名字，并以同样方式完成中断点的插入。

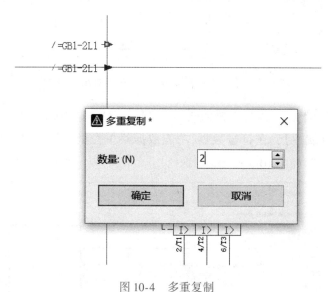

图 10-4   多重复制

 提示：

多重复制只在页内有效，跨页无效。

（4）插入 T 节点。在多横向连接线中插入选中的 T 节点时，可以从左上至右下拖拽插入，原理图会显示一条斜线，如图10-5所示，此功能可以实现多线快速插入，插入端子时也可用此方式快速插入。

（5）插入功能路径文本。内容参考"BASIS_010.1"，具体插入方式参考第

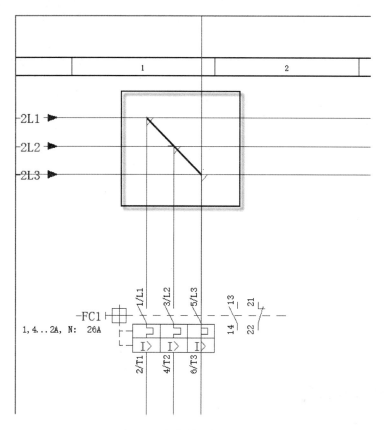

图 10-5　斜拉快速插入 T 节点

9 单元。在文本换行时可以通过〈Ctrl + Enter〉，这个方式是 EPLAN 文本换行时经常用到的，希望可以掌握。

（6）此时我们的原理图已经完成得差不多了，但是-MA1 电机在日常安装中应该属于柜外部分，此时原理图中把它放在了 A1 柜内，设计原理有误，此时我们要借助结构盒来实现区分柜内外部件。通过操作步骤：【插入】>【盒子/连接点/安装板】>【结构盒】，插入后在结构标识符"＋"位置代码处根据文件改为 B1，这样结构盒 B1 就插入在原理图中，使它刚好框住电机-MA1，这时我们注意到，文件中结构框是一个多边形，只需双击结构框更改属性符号数据中"编号/名称"将符号变量改为 52/SC2，便可更改成多边形。

（7）完成"BASIS_010.1"内容，如图 10-6 所示。

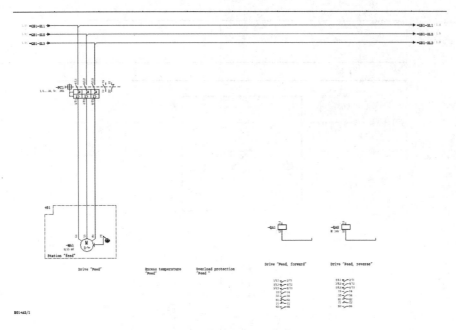

图 10-6　BASIS_010.1 完成

10.4　思考题

❓ 如果没有结构框，绘图时会产生哪些不便？

第11单元
连接符号：连接方向的表示

参与者通过这一单元对前面章节复习和加强练习。

本单元练习的目的：

■ 连接符号
■ 具有目标规范的连接符号

对应 Docucenter 的编号：

■ Documentation center >> BASIS_011. 1

11. 1 术语解释

1. 连接符号

在 EPLAN 中主要有以下几种连接符号：角度、T 节点、十字接头、跳线、中断点。

选择 T 节点、十字接头、跳线或中断点时，必须规定自动报表的目标跟踪方向。目标跟踪只是将显示设备的符号作为目标。从规定的设备开始查找，沿着自动生成的连接找到所有设备。由于使用了角、T 节点、十字接头、跳线，因此连接很可能不是直线。

2. 连接定义点

通过连接定义点使连接得到附加属性。

11.2 命令菜单

- 插入符号
  - ➤【插入】>【符号】
- 设置连接符号
  - ➤【选项】>【设置】>【用户】>【图形的编辑】>【连接符号】
- 插入连接定义点
  - ➤【插入】>【连接定义点】

11.3 操作步骤

本单元基本不涉及操作步骤，这里只是给大家介绍一下连接符号以及连接符号方向的含义。

1. T 节点

T 节点用于分支自动生成的连接线。出现用于四个不同方向的 T 节点，每个方向又有四个变量，这些变量决定了连接流程。

规定 T 节点要带三个连接点。没有名称的点表示连接起点。标记"1"和"2"的点说明目标顺序。

在 T 节点"方向"对话框中显示通过直线找到的第一个目标和通过斜线找到的第二个目标，如图 11-1 所示。

1▼2	T 节点 向下
1▲2	T 节点 向上
1▶2	T 节点 向右
1◀2	T 节点 向左

图 11-1　T 节点方向和目标分配

例　T 节点 向右设置中第三个变量表示：

1
└
2

如果从上（1）或从下（2）开始，则目标在右。

如果从右开始，则第一个目标在上（1），第二个目标在下（2/斜线）。

2. 十字接头

可认为十字接头是两个固定连接的 T 节点，如图 11-2 所示。EPLAN 中有两种十字接头的基本类型，通过"垂直"和"水平"查找方向来区分。由于目标不同，每个搜索方向都会得出两种变量。用此变量明确规定报表中的目标跟踪路径。

图 11-2　十字接头

在每个十字接头中都各有三个连接方向。两个相对末端直接连接起来（直线），找到第一个目标；另外两个末端（斜线）找到第二个目标。

3. 跳线

使用跳线使一个端子与一个或多个邻近的端子进行电气连接（电位分配），如图 11-3 所示。为此在电气工程中使用金属鞍形跳线或十字接头。

图 11-3　跳线

在每个跳线中都各有三个连接方向。规定每个跳线都有四个连接点。标记

"1""2"和"3"的点说明目标顺序。第四个点（无名称）表示跳线的共用连接点。第一个目标始终位于对面，第二个目标始终正交于右角左侧或正交于上方。第三个目标始终正交于右侧或正交于下方。

例　三个变量中的向上表示

从上开始，下方为第一个目标，左侧为第二个目标，右侧为第三个目标。

从左、右、下开始，目标分别位于上方。

以 Documentation center＞＞BASIS_011.1 文件为例，如图 11-4 所示。第一个 T 节点表示起点为-XD1：1，目标 1 为-SF1：14，目标 2 为-SF2：14；第二个向左的 T 节点表示起点是-SF1：14，目标 1 是-SF2：14，目标 2 是-SF3：14；第三个左上角连接符号表示-SF2：14 和-SF3：14 的连接。

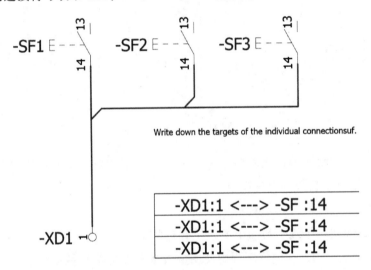

图 11-4　BASIS_011.1 示例

4. 绘制连接定义点

通过操作：【插入】＞【连接定义点】，可以手动放置连接定义点，放置后弹出手动连接点的属性界面，如图 11-5 所示。

5. 设置连接符号

通过操作：【选项】＞【设置】＞【用户】＞【图形的编辑】＞【连接符号】。如图 11-6 所示，打开连接符号的设置界面。在此对话框对连接符号进行绘制的设置。

（1）绘制连接支路。在此组边框中选择如何在插入到原理图中时绘制连接符号。

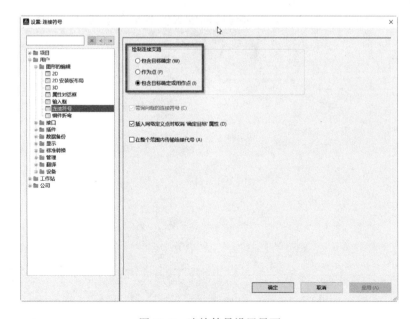

图 11-5　连接定义点

图 11-6　连接符号设置界面

（2）包含目标确定。在插入连接符号时始终预定义确定目标设置。绘制"常规"连接符号，在此连接符号上连接目标的顺序很明确。

（3）作为点。在插入连接符号时始终设置预定义作为点描绘。将连接的 T 节点或十字接头绘制为连接点。

（4）包含目标确定或用作点。在插入连接符号时始终显示询问对话框。在此选择连接符号的角变量并决定连接符号是包含目标的绘制方式还是作为点绘制。作为预先设置分别在之前对话框调用已选择的选项。

（5）在插入网络定义点时取消"确定目标"属性。如果已激活此复选框，则在插入网络定义点时取消确定目标属性。

（6）在整个范围内传输连接代号。如果已激活此复选框，则在手动更改一个连接代号（在连接导航器中或在一个连接定义点上）时，显示传输连接代号对话框。在此可以使更改后的连接代号自动传输至其他连接。连接代号可以传输至电位、信号或网络的所有连接。

如果已取消此复选框，则更改后的连接代号不会自动传输至其他连接。

11.4　思考题

? EPLAN 的连接符号中为何有目标设置？对整个电气设计的图纸有什么意义？

第12单元
设备导航器

参与者可以加深对导航器的理解。

🖫 本单元练习的目的：

■ 设备导航器
■ 同步选择
■ 通过跳出菜单或通过导航器拖拽放置
■ 转到（图形）

🗋 对应 **Docucenter** 的编号：

■ 📄 Documentation center > > BASIS_012. 1

12.1　术语解释

1. 设备导航器

设备导航器提供项目数据的逻辑观点：

1）可筛选项目数据以便更快找到。

2）可在项目数据中设置不同的视图。

3）可识别是否已放置功能。

4）可添加、编辑、删除或放置功能。

2. 功能数据的分配

通过"分配"功能可以将导航器中的功能数据分配给已放置在原理图中的

功能。例如可为元件分配未放置的功能，或将已放置功能的数据传输到另一个元件中或将其分配给功能模板。

3. 设备标识符

分配时，如果在导航器中已标记设备标识符，则全部所属功能将被依次分配。可通过鼠标单个完成或者通过拖动想要的元件周围的框成块地完成。分配中断点时，仅将中断点名称分配给元件。

4. 未放置的功能

分配时，如果在导航器中已标记未放置的功能，则此未放置的功能会替换元件的原始功能。

5. 已放置的功能

分配时，如果在导航器中已标记已放置的功能，则此功能的数据将传输到其他的元件中。原始功能保持不修改。

6. 功能模板

分配时，如果在导航器中已标记功能模板，则其数据将传输至元件，且元件的功能将覆盖功能模板。

7. 同步选择

如果打开了多个导航器，可以通过同步选择命令在对话框显示相同的对象。如果在一个导航器或图形编辑器中选定了一个对象，则在其他导航器也选中了此对象。这样可方便寻找项目数据。

12.2　命令菜单

- 打开设备导航器
  ➤【项目数据】>【设备】>【导航器】
- 转到（图形）
  ➤【查找】>【转到】>【图形】
- 同步选择
  ➤【查找】>【同步选择】

12.3　操作步骤

（1）设备导航器。命令菜单：【项目数据】>【设备】>【导航器】，如图 12-1

所示。

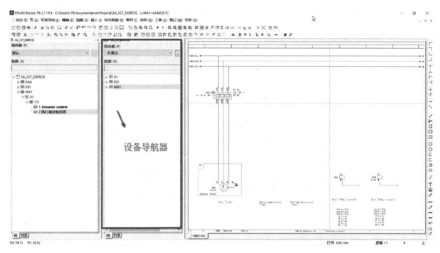

图 12-1　设备导航器

（2）放置电源接触器"＝MA1＋A1-QA1 以及 ...-QA2"。在导航器中展开
＝MA1＞＋A1＞-QA1，鼠标选中常闭触点 61¶62，如图 12-2 所示，拖拽至原理
图-QA2 线圈上方，放置成功后触点前方符号会发生变化，由一个 变成 ，
并在触点名称后生成关联连接。此时，可以通过这样的符号区别查看到设备触
点的放置状态；用同样方式，放置-QA2 的常闭触点 61¶62 在-QA1 线圈上方。
给接触器"＝MA1＋A1-QA1 以及 ...-QA2"配置互锁功能。

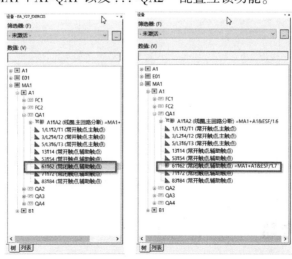

图 12-2　设备放置至原理图前后的变化

（3）转到图形。放置后的元件如果想要在原理图中快速追踪到所在原理图位置，可以通过转到（图形）功能，选中部件通过命令菜单：【查找】>【转到】>【图形】或直接右键转到（图形）。如图 12-3 所示转到（图形）功能示意图。

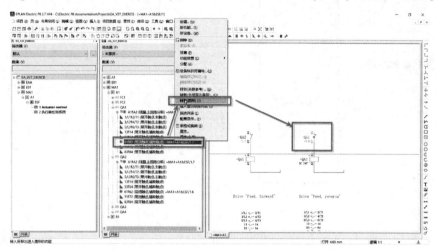

图 12-3　转到（图形）示意图

（4）BASIS_012.1 完成，如图 12-4 所示。

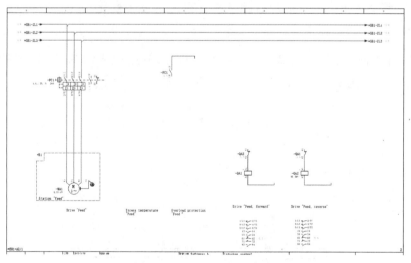

图 12-4　BASIS_012.1 完成

12.4　思考题

❓ 导航器给 EPLAN 的电气原理图设计带来了哪些便利？

第13单元
关联参考/关联参考类型

参与者可以通过本单元了解 EPLAN 的关联参考、触点映像。

📚 **本单元练习的目的:**

- 设备关联参考
- 触点映像在元件上
- 触点映像在路径
- 成对关联参考

📘 **对应 Docucenter 的编号:**

- 📄 Documentation center >> BASIS_013. 1

13.1 术语解释

1. 关联参考

通常有必要多次显示同一个设备。该设备相关元件的配件均由程序进行识别,以便使所有这些元件均拥有相同设备标识符,且由其相应的功能定义标识。关联参考表明,在何处能找到原理图中设备的其他部件,为此有以下几种可能的选择:

1)常规元件间的设备关联参考(在此种方式下,分别显示的功能被标识为"配套")。

2）触点映像中的触点关联参考（接触器或电机保护开关的完整触点显示与该设备在原理图中分别显示的个别触点之间的关联参考）。

3）中断点关联参考。

4）成对关联参考（电机保护开关或隔离器式开关的完整触点显示与该设备在原理图中分别显示的个别触点之间的关联参考）。

2. 设备关联参考

对设备关联参考主要形式如下：

主功能指向全部辅助功能，且每个辅助功能也指向主功能。

3. 触点映像关联参考

在属性对话框的显示选项卡从触点映像下拉列表中选择"在原理图""在路径中"或"在元件上"。如图 13-1 所示。

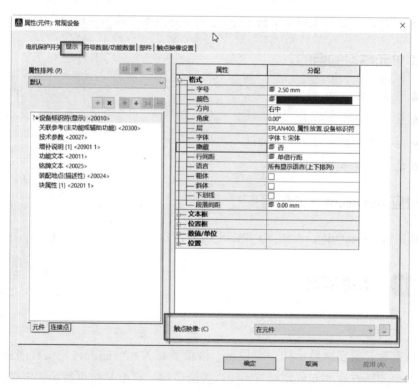

图 13-1   设备触点映像可在设备属性选择

4. 中断点关联参考

有相同显示的设备标识的中断点构成关联参考。该关联参考分为两类：

（1）星形关联参考

在星形关联参考中将一个中断点表示为输出点。具有相同名称的所有其他中断点参考该输出点。在输出点显示一个对其他中断点关联参考的可格式化列表，在此能确定应该显示多少并排或上下排列的关联参考。

（2）连续性关联参考

在连续性关联参考中，始终是第一个中断点提示第二个、第三个提示第四个等，提示始终从页到页进行。

5. 成对关联参考

成对关联参考通常应用于电机保护开关和电力断路器，可通过在原理图中成对放置触点生成。第一次在主功能处定位的成对关联参考触点与其配对物相关联，即第二个在原理图中"连线"的触点。这第二个触点再度指向主功能上相应的成对关联参考触点。为使 EPLAN 可以生成一个成对关联参考，必须在成对关联参考触点上将表达类型属性设置为"成对关联参考"。

13.2 命令菜单

- 打开页
  - ➤【页】>【打开】
- 设置关联参考（见图 13-2）

图 13-2　设置关联参考

➤【选项】>【设置】>【项目】>【项目名称】>【关联参考／触点映像】>【常规】

13.3　操作步骤

本单元意在让参与者了解和熟悉各种关联参考的含义，请参考文件"Documentation center>>BASIS_013.1"进行理解。

图 13-3 是 Documentation center>>BASIS_013.1 的翻译解释，帮助参与者理解。

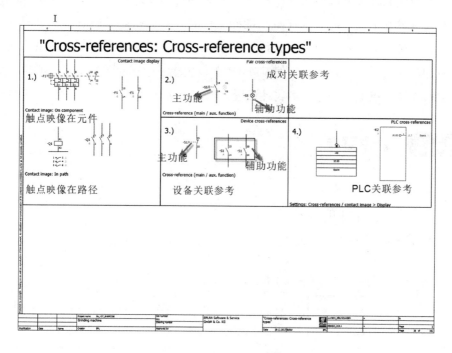

图 13-3　BASIS_013.1 翻译

13.4　思考题

❓ 设备关联参考中，当有多个辅助功能时，辅助功能可以互相指向么？为什么？

第14单元
图 形 编 辑

参与者可以通过本单元了解 EPLAN 的图形功能。

本单元练习的目的：

- 绘制直线和矩形
- 尺寸标注
- 捕捉至栅格
- 对齐到栅格
- 设计模式

对应 Docucenter 的编号：

- Documentation center >> BASIS_014. 1

14.1 术语解释

1. 尺寸标注

可在任意的项目页，例如安装板布局的页上录入尺寸标注信息。

EPLAN 中有下列尺寸型号：

1）线性尺寸标注；

2）对齐尺寸标注；

3）连续尺寸标注；

4）增量尺寸标注；

5）基线尺寸标注；

6）角度尺寸标注；

7）半径尺寸标注。

尺寸标注通过对象捕捉起作用，但与栅格无关。可之后再修改尺寸标注结果。每个尺寸链都可预设置一个前缀和一个后缀。

可选择箭头和尺寸辅助线的不同显示形式，从而根据各国情况和标准设置尺寸标注。

2. 栅格的使用

为简化定位元素，可使用栅格，然后将插入点和元素点定位到栅格点上。在 EPLAN 菜单栏有栅格的快捷按钮 ，栅格的大小有 2D 和 3D 两种，可在用户界面（命令菜单：【选项】>【设置】>【用户】>【图形的编辑】）设置栅格大小，如图 14-1 所示，2D 栅格大小可以更改。IEC 标准的电气原理图绘制用栅格 C：4mm。

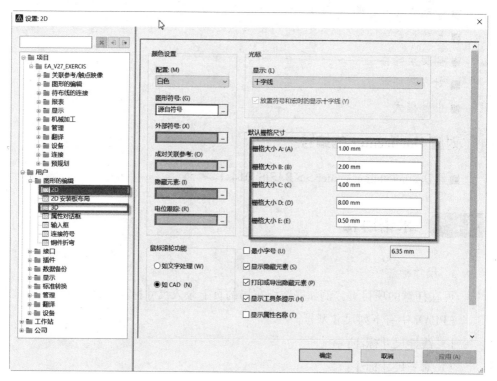

图 14-1   2D 栅格大小设置

3. 显示栅格

选择菜单项【视图】>【栅格】，或者菜单的快捷按钮 ⌗ 以打开或关闭栅格显示。请看图 14-2 所示显示栅格的对比。

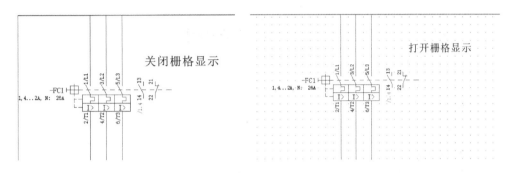

图 14-2　显示栅格对比

4. 捕捉到栅格

捕捉到栅格的使用与栅格显示无关，通过命令菜单【选项】>【捕捉到栅格】或菜单栏快捷按钮 ⌗⌗ 。

如果已激活捕捉到栅格，则随后的所有操作将在栅格点内执行。

状态栏中栅格大小前的"开"或"关"文本表示捕捉到栅格已打开或已关闭。

5. 对齐到栅格

此功能使尚未使用栅格绘制的对象事后可按照栅格设置调整。如果在事后打开捕捉到栅格的使用，则可能无法再访问之前绘制的对象，因为这些对象并不位于一个栅格点上。对齐到栅格的命令菜单：【编辑】>【其他】>【对齐到栅格】或通过菜单栏快捷按钮 ⌗ 。

6. 设计模式

设计模式可以把图形元素排列到特定点并定位到特定坐标。

如果选项设计模式已被激活，在编辑操作（如移动、删除、多重复制等）中选择要修改的元素不是通过区域选择，而是通过单击标记元素。为了编辑元素，既可确定操作的起点又可确定目标点。命令菜单：【选项】>【设计模式】或通过菜单栏快捷按钮⌷ 。

14.2 命令菜单

- 栅格大小设置
  - ➤【选项】>【设置】>【用户】>【图形的编辑】
- 显示栅格
  - ➤【视图】>【栅格】
- 捕捉到栅格
  - ➤【选项】>【捕捉到栅格】
- 打开设计模式
  - ➤【选项】>【设计模式】
- 插入尺寸标注
  - ➤【插入】>【尺寸标注】>…

14.3 操作步骤

（1）根据 BASIS_014.1 文件，我们要创建一个操作面板的布局图，因此新建一页，页类型选择"安装板布局（交互式）"，比例设置 1∶2。在新建的安装板上插入一个 200×250 的矩形，在矩形格式勾选倒圆角，这样矩形的角就会变成圆角。

（2）插入尺寸标注。先给矩形插入尺寸标注，再给几个圆形按钮的中心位置插入尺寸标注。命令菜单：【插入】>【尺寸标注】>【线性尺寸标注】，插入后如图 14-3 所示。在操作时可以双击更改尺寸标注属性，例如图 14-3 所示最下方的 200mm 的标注，需要勾选"在尺寸线中间显示尺寸值"，勾掉"显示单位"；又如最上方 45［1，77″］的标注，其中在属性中后缀增加文本"［1，77″］"。总之尺寸标注的属性可以随时更改。

此时发现尺寸标注颜色和示例图颜色不一样，可以在层管理中更改，单击尺寸标注属性层属于 EPLAN107，打开层（命令菜单：【选项】>【层管理】>【图形】）更改颜色从蓝色改成黑色。如图 14-4 所示。

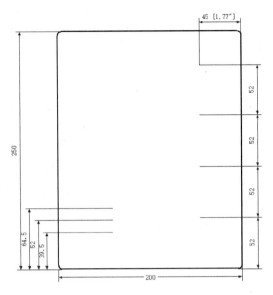

图 14-3 线性尺寸标注插入

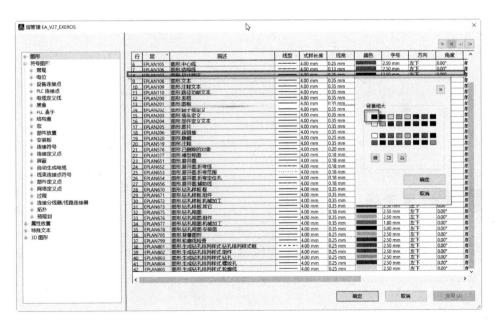

图 14-4 层管理-尺寸标注

（3）插入圆形并在左下方圆上方插入增量尺寸标注。圆形修改属性和矩形修改方式大同小异；值得注意的是部分标注尺寸是蓝颜色的，此时需要重新打开层管理，新建一个蓝色层，并在原理图中给相应尺寸标注属性格式中层从

EPLAN107 切换到新建的蓝色层，确定 Documentation center > > BASIS_014.1
完成。

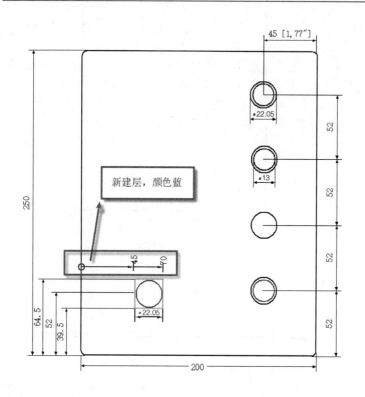

图 14-5　BASIS_014.1 完成

14.4　思考题

? 什么时候用增量尺寸标注，什么时候用线性尺寸标注？

第15单元
复习回顾操作

参与者可以通过本单元复习之前几个单元的练习。

本单元练习的目的：

- 放置设备
- 放置符号
- 放置中断点

对应 **Docucenter** 的编号：

- Documentation center >> BASIS_015. 1

15.1　术语解释

- 无

15.2　命令菜单

- 设备导航器相关
  - 【项目数据】>【设备】>【导航器】 >…> 【新设备/放置/属性】
- 插入中断点
  - 【插入】>【连接符号】>【中断点】

15.3 **操作步骤**

（1）新建一页，完整页名"＝G01＋A2&ESF/1"，页描述"24 V device power supply"，如图15-1所示。

图15-1　新建一页＝G01＋A2&ESF/1

（2）打开设备导航器，根据"BASIS_015.1"的设备清单，在设备导航器中新建设备，例如设备"＝G01＋A2&ESF/1"，型号"SIE.5SY4106-5"。在设备导航器中选中某设备右键选择新设备，参考图15-2；选择后再弹出的新的界面中，复制设备型号"SIE.5SY4106-5"，如图15-3所示，单击【确定】。添加好后，右键设备属性更改设备名称，如图15-4所示。

按照此方法，添加完成设备清单上的设备，并把设备拖放至原理图中。

（3）插入连接符号中断点、角和T形节点。利用直接插入中断点和多重复制的方式插入中断点。

（4）插入位置框"＋A1"，之后注意重新分配设备导航器中的位置代号属于"＋A1"的设备，命令菜单【设备导航器】右键分配。

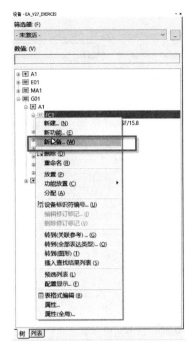

图 15-2   设备导航器中添加新设备

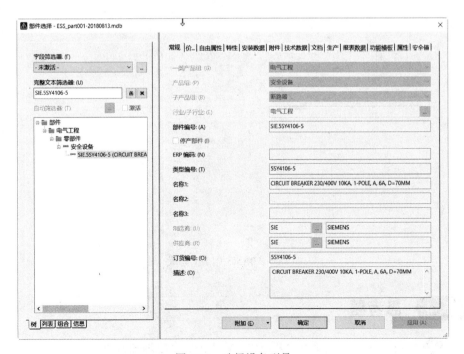

图 15-3   选择设备型号

图 15-4　更改设备标识符

（5）如图 15-5 所示，BASIS_015.1 完成。

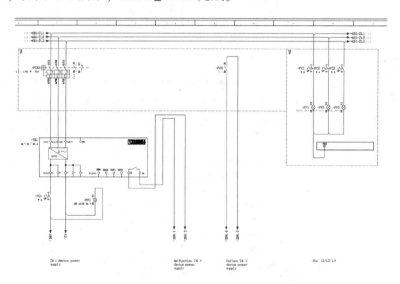

图 15-5　BASIS_015.1 完成

15.4　思考题

❓ 到目前为止，您是否会用 EPLAN 设计一个原理图回路了呢？

第16单元
编辑和管理项目IEC 81346

参与者可通过本单元学习如何在 EPLAN 中根据 IEC 81346 标准构建项目和如何在 EPLAN 中根据 IEC 61355 标准构建页标识符。

本单元练习的目的:

- 了解 EPLAN 根据 IEC 81346 标准构建项目
- 了解 EPLAN 根据 IEC 61355 标准构建页标识符

对应 Docucenter 的编号:

- 无

16.1 术语解释

- 无

16.2 命令菜单

- 查看项目属性
  - ➤【项目】>【属性】
- 设备编号在线
  - ➤【选项】>【设置】>【项目】>【设备】>【编号（在线）】

16.3   操作步骤

（1）可以根据 Docucenter 中下面两部分来理解标准这部分的运用，路径如下：

ⓘ Documentation center > > Help topics > > Manage pages > > Page navigator > > Proceed as Follows > > Adjusting the page structure

ⓘ Documentation center > > Help topics > > Numbering connections and devices

（2）在 EPLAN 中根据 IEC 81346 标准构建项目。

打开项目属性，如图 16-1 所示，可以看到项目的编号和描述部分都是符合 IEC 标准的，在 IEC81346 的基础上构建项目。根据构建规则（功能、位置和产品表述）确定设备结构，借助扩展的参考标识符，可以使用一个符合 EN 81346 标准的设备结构进行工作，在 EPLAN 中按照功能类别管理设备（例如"线圈与触点""信号设备"等）时，可借助标识块构建设备。此时可通过高层代号（前缀"="）考虑功能表述，通过位置代号（前缀"+"）考虑位置表述，通过设备标识（前缀"-"）考虑设备表述。设备标识为设备的标识块。

图 16-1   项目属性

（3）在 EPLAN 中根据 IEC 61355 标准构建页标识符。借助 EPLAN 软件平台可以使用符合 DIN EN 61355-1 标准的页标识，针对此类型标识符中使用一个所谓的"对象标识符"进行构建。同时通过此对象标识符将一个文档（即一个项目页）分配给一个特定的对象（例如一个功能、地点或产品）。对此，有以下几个说明：

1）为了使用对象标识符进行构建，必须同时在项目属性中激活扩展的参考标识符（结构选项卡中扩展的参考标识符复选框），如图 16-2 所示。

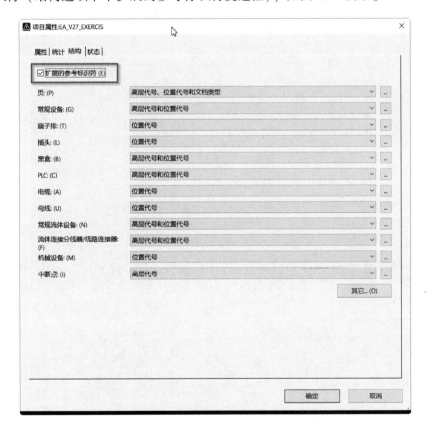

图 16-2　激活项目属性扩展的参考标识符

2）必须确定将对象标识符用于构建页。为此在创建一个项目时，在页结构对话框中针对对象标识符激活用于项目结构中复选框。

3）对象标识符只能结合文档类型标识块使用。对象标识符不得与其他标识块组合使用。

4）在随附的项目模板 IEC_tpl002.ept 中，将使用对象标识符构建项目并根据 DIN EN 61355-1 标准显示页结构。

在进行这样的构建时，完整页名由对象标识符、文档类型和页名构成。这时，对象标识符的内容可以是标识块的一个结构标识符（例如位置代号或产品标识）或一个自由文本。

16.4　思考题

❓　在 EPLAN 上运用这些标准基础构建的项目可以给整个公司的图纸设计带来哪些好处？

第17单元
创建新的项目

参与者可以通过本单元学习复制项目。

本单元练习的目的：

■ 基本项目和复制项目

对应 Docucenter 的编号：

■ 无

17.1　术语解释

头文件

只包括项目本身属性而没有页和报表的空项目文件。

17.2　命令菜单

- 新建项目
  ➤【项目】>【新建】
- 复制项目
  ➤【项目】>【复制】

17.3 操作步骤

（1）新建一个项目。通过命令菜单：【项目】>【新建】，可以直接新建一个
项目，如图 17-1 所示。

图 17-1　项目的新建和复制

在新建项目菜单上（见图 17-2）可以填写项目名称、项目的保存位置、项

图 17-2　新建项目菜单

目模板和选择是否勾选设置创建日期和设置创建者复选框，如果勾选则可以进行更改。

　　创建新的项目主要依附于在创建项目时模板的选择，可以是一个项目模板（＊.ept 或＊.epb），也可以是一个基本项目（＊.zw9）。

　　（2）复制项目。通过命令菜单：【项目】>【复制】，可以通过复制一个项目来实现一个新的项目的创建，这样之前的项目结构和信息都可以在新的项目中得到复用。如图 17-3 所示，可以选择复制的内容是否包含报表还是只复制头文件或者只复制非自动生成页，同样地，可以更改目标项目和选择是否勾选设置创建日期和设置创建者复选框，如果勾选则可以进行更改。复制项目得到新的项目主要是依附于通过复制及调整现有项目创建项目。

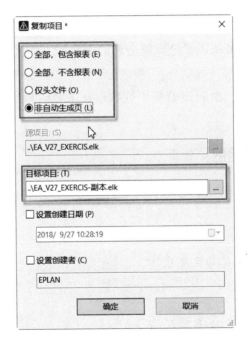

图 17-3　复制项目菜单

17.4　思考题

　　❓ 用基本项目和模板项目新创建的项目和通过复制创建的新项目有什么不同？复制项目得到的新项目有哪些隐患？

第18单元
Data Portal

EPLAN Data Portal 提供了已知制造商的主数据，可直接导入 EPLAN 平台。除了包含字母数字的部件数据外，这些主数据还包含原理图宏、多语言部件信息、预览图、文档等。由制造商提供的数据在下载时将直接整合到 EPLAN 平台中。

本单元练习的目的：

- Data Portal
- 黑盒
- 设备连接点
- 使用 Backspace 键切换符号
- 创建宏

对应 Docucenter 的编号：

- Documentation center >> BASIS_018. 1

18.1 术语解释

1. Data Portal

EPLAN Data Portal 是一个在线的 EPLAN 部件库网站，又名 "EPLAN 数据通道"，它的客户端内嵌在 EPLAN 软件中，目前已有 237 个制造商的 88 万个以上的部件可供下载。

2. 黑盒

黑盒是常用的描述设备的工具,符号库里不存在符号或者标准中不存在的符号,均可用不同的方法使用黑盒表示。

下面这些情况可用黑盒表示:

1)对于那些不能在符号库里使用的设备/组件。

2)对于那些在符号库里不完整的设备/组件,比如 PE / PEN 连接点缺失的情况下。

3)为了描述 PLC 组件。

4)为了描述复杂的设备,比如变频器,在原理图的许多页都对该设备做了标记和关联参考。

5)为了把许多图形描述成一个设备标识符,比如带闸的电机。

6)为了在电缆处描述备用电缆连接(如果没有黑盒就会生成错误报告"没有电缆的电缆连接")。

7)为了把多个设备标识符叠套在一起,比如为了一个有许多端子排的设备:

设备:-A1,端子排:-X1 和-X2

通过嵌套使得设备标识符-A1-X1 和-A1-X2 分配到端子排。

8)用于给端子分配设备标识符,因为不能移动端子设备标识符(否则会同时移动连接点代号),例如当页上空间不足时。

9)对于不能通过普通符号构建的特殊保护,也要显示触点映像。

18.2 命令菜单

- 插入部件
  - ➢【Data Portal】>【在图形编辑器中插入部件】
- 属性
  - ➢【编辑】>【属性】>【选项卡】
- 宏生成
  - ➢【项目数据】>【宏】>【自动生成】

18.3 操作步骤

18.3.1 图形编辑器中插入部件

（1）通过【工具】>【Data Portal】，打开 Data Portal 进入界面，如图 18-1 所示。

图 18-1　Data Portal 界面

（2）在查找框中输入部件编号，如 PXC.2901362，单击查找按钮进入查找结果界面，如图 18-2 所示。

图 18-2　Data Portal 查找界面

（3）通过按钮在图形编辑器中插入部件，即可把部件图形放置到图形编辑器界面中。

18.3.2 宏生成

插入的设备 PXC.2901362，是由黑盒和设备连接点组合成的。

（1）首先创建一个宏项目，宏项目的创建过程和原理图项目的创建过程是一样的，只需要在项目属性中把属性项目类型 <10902> 的数值改为宏项目。

（2）在多线原理图页中，通过【插入】>【盒子/连接点/安装板】>【黑盒】，插入一个黑盒到多线原理图页中。

（3）通过【插入】>【盒子/连接点/安装板】>【设备连接点】，插入设备连接点到黑盒内部。当设备连接点在悬浮状态时，可以通过 Backspace 切换选择不同的符号，如图 18-3 所示。

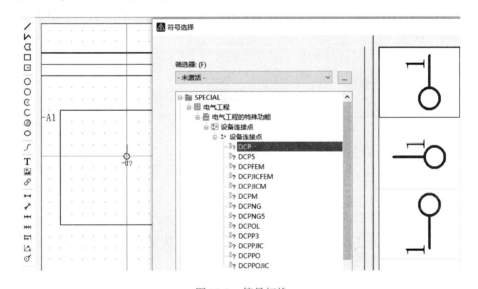

图 18-3　符号切换

（4）在设备连接点的属性中，为设备连接点指定插头名称 <20406>，填写设备连接点描述。

（5）组合。选中黑盒及黑盒中的所有内容，通过【编辑】>【其他】>【组合】将选中的内容组合。

（6）插入宏边框。通过【插入】>【盒子/连接点/安装板】>【宏边框】，为上一步组合在一起的内容添加宏边框，然后在宏边框属性中为其命名，设置表达类型、变量等，如图 18-4 所示。

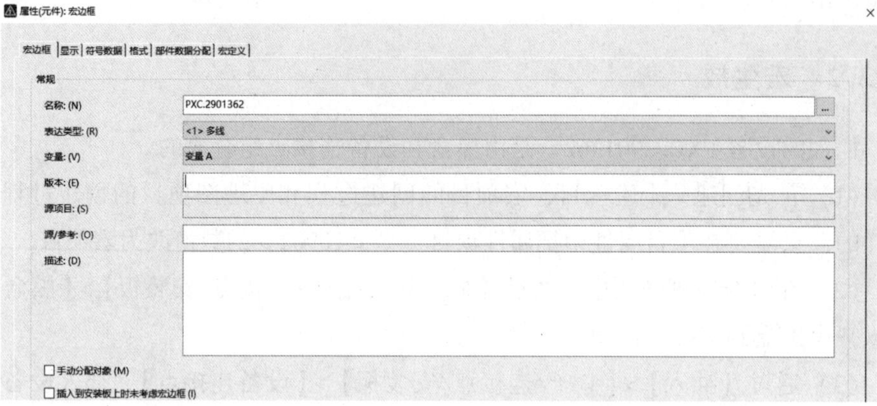

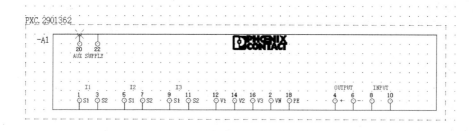

图 18-4　宏边框属性

（7）推移基准点。选中【宏边框】，右键 >【推移基准点】，新建的宏如图 18-5 所示。

图 18-5　新建的宏

（8）通过【项目数据】>【宏】>【自动生成】，新建的宏就会保存到指定的路径下。

18.4　思考题

? 黑盒适用于什么设备的创建？

第19单元
插入/放置设备

在 EPLAN 中，既可以通过部件主数据导航器将部件库设备插入或者放置到图形编辑器中，也可打开 Data Portal 将设备直接插到图形编辑器中，当然也可以先在图像编辑器中插入符号，然后为符号进行设备选型。

本单元练习的目的：

- 设备放置
- 插入连接符号

对应 Docucenter 的编号：

- 📄 Documentation center >> BASIS_019.1

19.1 术语解释

连接符号

如果两个符号连接点水平或垂直对立放置，则始终在原理图中两个符号之间自动绘制连接线（"Autoconnecting"）。仅这些自动连接线将被识别为原理图中符号之间的电气连接，并针对其生成报表。

通过插入连接符号，可以影响自动连接的构架。

19.2 命令菜单

- 属性：

➢【编辑】>【属性】

19.3 操作步骤

本节通过设备主数据导航器，进行设备的插入和放置。

19.3.1 设备放置

（1）通过【工具】>【部件】>【部件主数据导航器】，打开部件主数据导航器，在导航器中找到部件 PXC.2308027，拖拽部件到图形编辑器中，如图 19-1 所示。

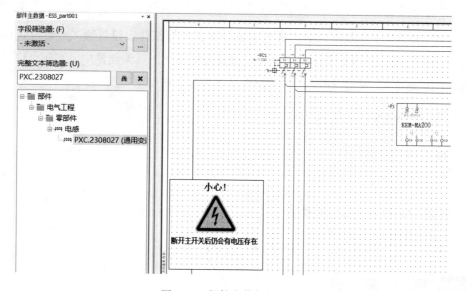

图 19-1   部件主数据导航器

（2）拖拽其他部件到图形编辑器指定的位置，如图 19-2 所示。

19.3.2 连接符号

（1）图形连接符号

使用纯图形连接符号（如角、T 节点、十字接头、跳线和中断点），以便在原理图中显示连接线的方向改变和分路。无法将设备数据、符号数据、功能数据和部件数据等属性分配给这些原理图对象。在 SPECIAL. slk 符号库中管理连接符号，连接符号不具备功能定义。

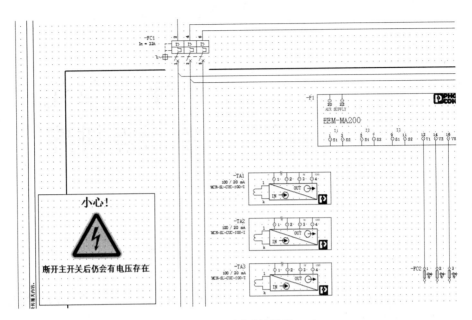

图 19-2　图形编辑器

通过【插入】>【连接符号】，在图形编辑器中插入想要的符号，改变线路的连接逻辑关系。

（2）逻辑连接符号

除纯图形连接符号外，在 EPLAN 中还可使用显示功能的连接符号。这些连接符号包括连接分线器和线路连接器或母线。可将设备数据、符号数据、功能数据及部件数据等属性保存到这些连接符号上。可为这些对象的属性生成报表，例如将其输出到连接列表和/或材料表中。

19.4　思考题

❓ 不同形状的连接符号，表示的逻辑关系有什么不同？

第20单元
中断点排序

在 EPLAN 图纸设计中，有些信号需要在作业中用到，为了表达信号的传递，我们需要用到中断点的概念。

本单元练习的目的：

- 插入中断点
- 放置中断点并使用【Tab】键
- 放置中断点并使用〈Ctrl + 鼠标〉移动
- 中断点导航器
- 中断点排序

对应 **Docucenter** 的编号：

- Documentation center >> BASIS_020. 1

20.1 术语解释

中断点

中断点用来描述包含一页以上的连接。成对的中断点是由源中断点和目标中断点组成，第一个中断点指向第二个中断点，第二个中断点指向第三个，以此类推。

20.2 命令菜单

- 创建新项目：
  ➢ 【项目数据】>【连接】>【中断点导航器】
- 项目复制：
  ➢ 【项目数据】>【连接】>【中断点排序】

20.3 操作步骤

20.3.1 插入中断点

（1）选择【插入】>【连接符号】>【中断点】菜单项。

（2）必要时使用按键〈Ctrl〉，并移动鼠标浏览当前变量或者通过〈Tab〉键旋转中断点。

（3）单击鼠标左键，放置页上的中断点符号。

（4）在中断点选项卡属性 <...> 对话框显示设备标识符框中输入应在图形编辑器里中断点上显示的设备标识符；或双击 [...]，以打开使用中断点对话框并选出现有的中断点名称，如图20-1 所示。

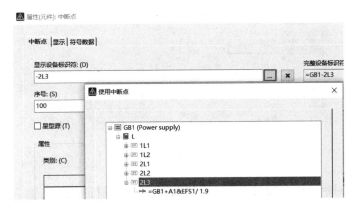

图 20-1 中断点选择

（5）需要时在中断点选项卡内和其他选项卡内输入其他属性。

（6）确认输入。

（7）对于其他想要插入的中断点，采用类似步骤。

（8）通过取消操作弹出菜单项或〈Esc〉键结束操作。

20.3.2 中断点导航器

（1）通过【项目数据】>【连接】>【中断点】导航器，打开中断点导航器，在中断点导航器中可以看到项目中所有的中断点，如图 20-2 所示。

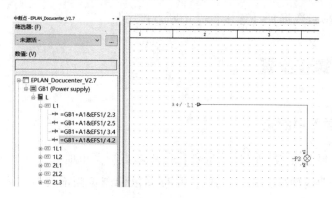

图 20-2 中断点导航器

（2）选中需要排序的中断点，如 L1，右键选择中断点排序，进入中断点排序对话框，如图 20-3 所示。

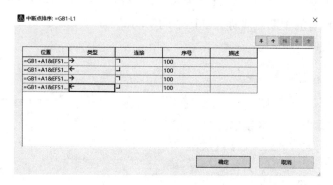

图 20-3 中断点排序

在排序对话框中，通过上下选择箭头对中断点进行排序。

20.4 思考题

? 有几种方式可以切换中断点变量？

第21单元
查找和替换

　　为了提高设计效率，EPLAN 设计了查找和替换功能，既可以进行文本替换，也可以进行设备替换。

本单元练习的目的：

- 文本查找
- 设备查找
- 编辑查找记录
- 全局替换
- 转到（全部表达类型）

对应 **Docucenter** 的编号：

- Documentation center >> BASIS_021. 1

21.1　术语解释

21.2　命令菜单

- 查找：
  - 【查找】>【查找】

- 转到全部表达类型：
  ➢【查找】>【转到】>【全部表达类型】
- 同步选择：
  ➢【查找】>【同步选择】

21.3 操作步骤

查找与替换功能不仅仅查找的是文本，还可以查找设备标识符、元件的所有属性、占位符对象、页属性、项目属性等。

21.3.1 文本查找

（1）通过【查找】>【查找】，进入查找界面，如图 21-1 所示。

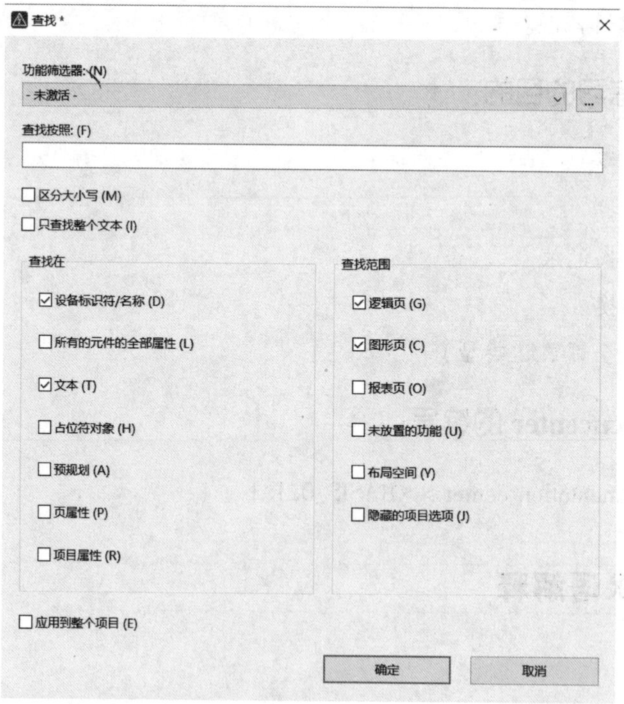

图 21-1 查找

在进行文本查找的时候既可以输入详细的字符或语句，也可以使用占位符 * , ? , #等进行模糊查询。例如：

使用 wa ∗，可以寻到 wax、want、wait 等。

使用 h？t，可以寻到 hat、hut、hit 等。

使用 1#3，可以寻到 103、113、123 等。

（2）填写搜索内容后（如 Work），在查找结果中就可以定位到文本 Work，如图21-2所示。

图 21-2　查找结果

（3）如果查询完一个文本后再查询另外一个文本，不希望显示上一次文本的查询结果，可选中查询结果，右键选择删除所有记录。

21.3.2　查找设备

（1）通过【查找】>【查找】，进入查找界面。

（2）找到功能筛选器，通过【…】，进入筛选器对话框，设置筛选项，比如以主功能作为筛选项，如图21-3所示。

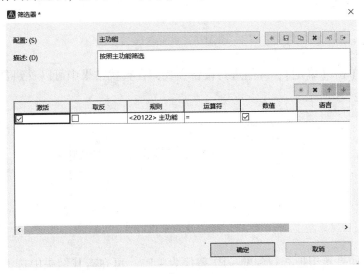

图 21-3　功能筛选器

（3）输入搜索内容，当然也可以使用占位符（如 * 或者?），例如输入设备标识符-P2，设置查找范围，并勾选是否应用到整个项目，如图 21-4 所示。

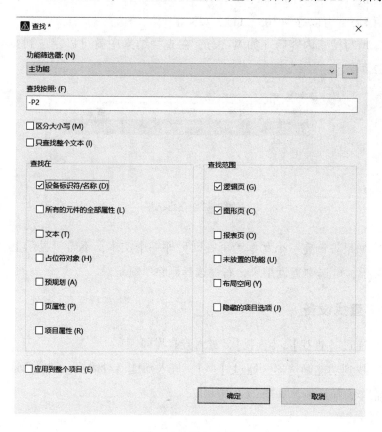

图 21-4   设备查找

（4）单击【确定】，开始进行设备查找，在查找结果中可以看到要查找的设备，如图 21-5 所示。

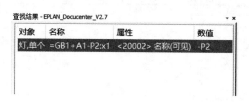

图 21-5   设备查找结果

（5）如果希望把查找到的 – P2 替换为 – P3，可在查找结果中选中 – P2，右键选择替换，进入如图 21-6 所示界面。

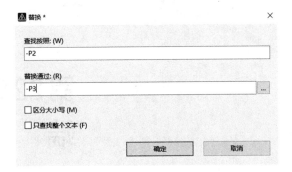

图 21-6 替换

21.3.3 同步选择

（1）在查找结果的设备导航器或图形编辑器中选择一个设备，例如在查找结果中选择-P8。

（2）通过【查找】>【同步选择】，在设备导航器中也会定位到-P8，如图 21-7 所示。

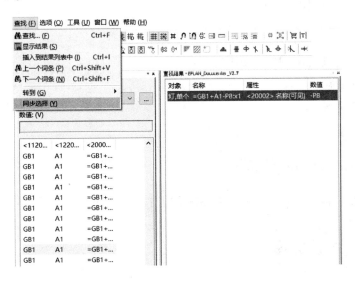

图 21-7 同步选择

21.4 思考题

？ 通过查找找到的设备，右键选择转到，会是什么样的结果？

第22单元
端　　子

　　端子是连接电气柜内部元器件和外部设备的桥梁，如何通过端子属性及图形正确表达电气柜内外之间的连接逻辑关系，如何表示 N、PE、SH 端子，在本节中会有详细说明。

📚 本单元练习的目的：

- ■ 端子符号（内部/外部）
- ■ 功能定义（N、PE 和 SH 端子）
- ■ 鞍形跳线
- ■ 端子属性
- ■ 端子编号

📖 对应 Docucenter 的编号：

- ■ 📄 Documentation center >> BASIS_022.1/BASIS_022.2

22.1　术语解释

- ■ 无

22.2　命令菜单

- • 插入端子符号：

➢【插入】>【符号】
- 插入端子设备：
  ➢【插入】>【设备】
- 端子编号：
  ➢【项目数据】>【端子排】>【端子编号】

22.3　操作步骤

22.3.1　插入符号

（1）通过【项目】>【符号】，进入符号选择界面，符号库中的符号既可以以树形结构显示，也可以以列表的形式显示，如图 22-1 所示。

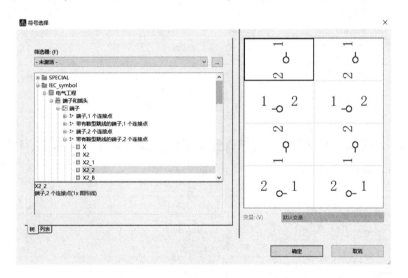

图 22-1　端子符号选择

（2）放置端子到页，如图 22-2 所示。放置的时候需要注意端子的方向，端子有内外之分，连接点 1 默认与电气柜内部元器件连接，连接点 2 默认与电气柜外部设备连接。

图 22-2　端子放置

（3）在端子属性对话框中，可以修改端子的设备标识符。既可以在编辑框中输入相应的名称，也可以通过【...】设备标志符-选择对话框进行编辑，如图 22-3 所示。

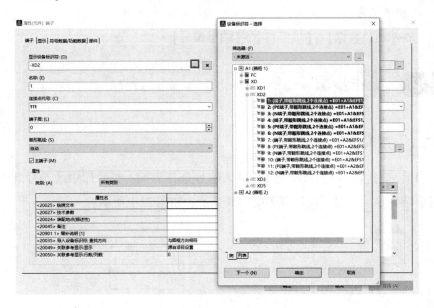

图 22-3　设备标识符编辑

（4）端子属性对话框中，可以设置端子的功能定义（如 N 端子、PE 端子、SH 端子），如图 22-4 所示。

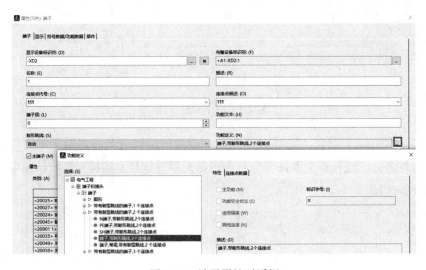

图 22-4　端子属性对话框

22.3.2　端子编号

（1）通过【项目数据】>【端子排】>【导航器】，打开端子排导航器。在端子排导航器中选中要编号的端子排，右键端子编号进入端子编号对话框，如图 22-5 所示。

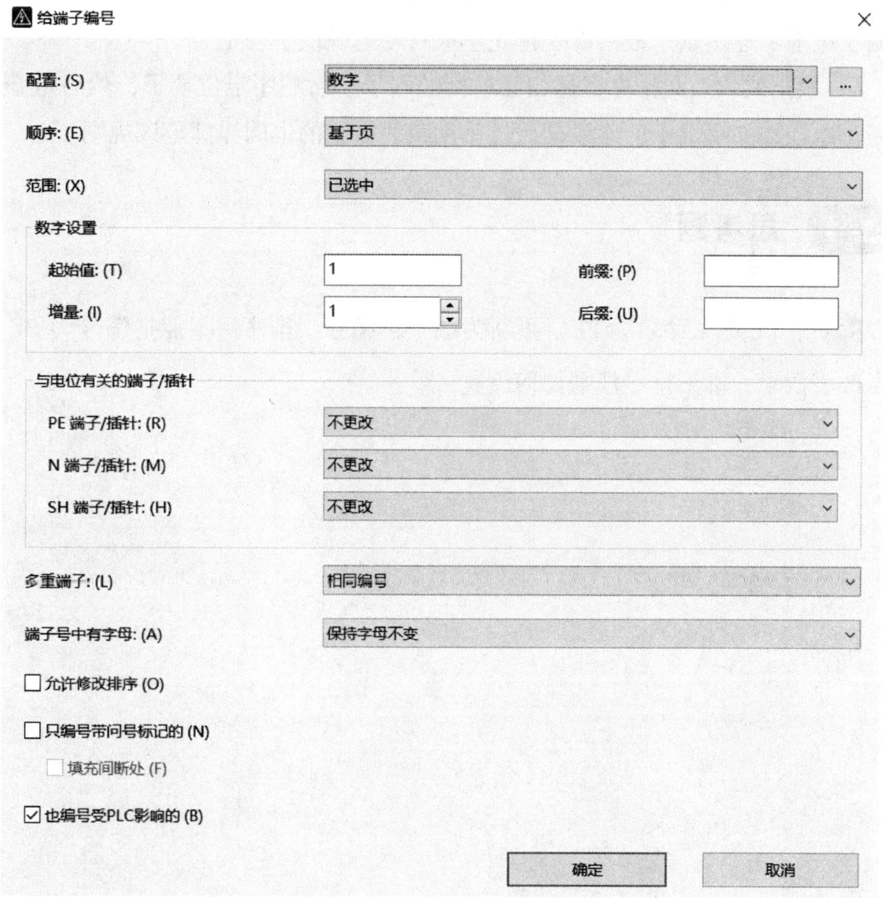

图 22-5　端子编号

（2）配置端子排序的规则，单击【确定】。

端子排序有下面几个规则：

1）默认。删除端子的序号。

2）数字。对以数字开头的所有端子名称进行排序（按照数字大小升序）。所有其他的端子保持在原来位置。

3）字母数字。端子按照其代号进行排序（首先按照数字大小升序，然后按照字母升序）。

4）基于页。与图框逻辑无关，按照原理图中的图形顺序排序端子。未放置的端子归入到列表的起始位置。

5）根据外部电缆。用于连接共用一根电缆的端子（外部页旁）并排定位。这简化了电缆的连接点，因为可依次放置全部电缆连接。此排序只能运用在已归属于电缆的连接点。根据需要预先生成自动电缆或手动定义。

6）根据跳线。此排序根据相互连接的端子前后顺序定位端子，然后重新生成鞍形跳线，如果端子的连接是通过手动跳线设置的也同样满足该规则。

22.4 思考题

? 给 PE 端子命名为 PE，重新为端子排编号，排序后不能把编号为 PE 的端子改为数字，端子排序规则如何设置？

第23单元
结 构 盒

结构盒可以定义设备的位置。

本单元练习的目的：

- ■ 插入结构盒
- ■ 工具条提示
- ■ 传予

对应 **Docucenter** 的编号：

- ■ 📄 Documentation center >> BASIS_023. 1

23.1 术语解释

结构盒

结构盒表示隶属现场同一位置，功能相近或者具有相同页机构的一组设备，与黑盒不一样，结构盒有设备标识符名称，它不是设备。另外，结构盒也没有部件标签，因而不会被选型。它是一种示意，结构盒内的对象必须重新赋予在页属性中定义的页结构，例如高层代号和位置代号。

23.2 命令菜单

- • 插入结构盒：

➤【插入】>【盒子/连接点/安装板】>【结构盒】
● 传予：
➤【项目】>【属性】>【结构】>【其他】>【传予】

23.3   操作步骤

23.3.1   插入结构盒

（1）通过【插入】>【盒子/连接点/安装板】>【结构盒】，插入结构盒到图形编辑器中，在属性对话框中，既可以在显示设备标志符中命名，也可以在完整设备标识符中进行命名。如图 23-1 所示。

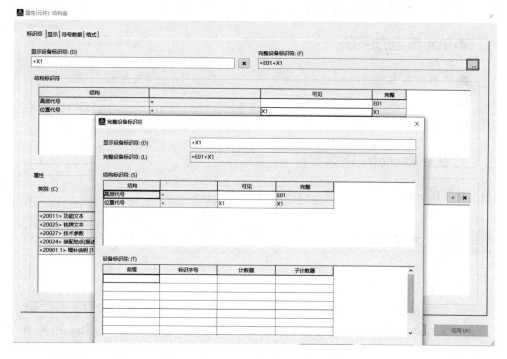

图 23-1   插入结构盒

（2）插入的结构盒如图 23-2 所示。

（3）通过【选项】>【设置】，进入如下对话框，勾选绘制带有空白区域的结构盒，如图 23-3 所示。

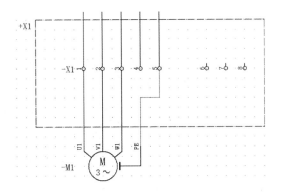

图 23-2 结构盒

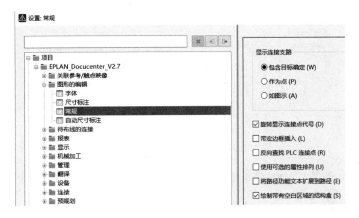

图 23-3 结构盒设置

（4）移动设备标识符 +X1 到结构盒内部，效果如图 23-4 所示。

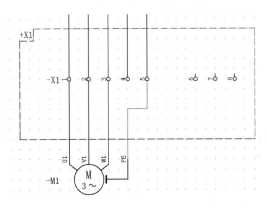

图 23-4 带有空白区域的结构盒

23.3.2　传予

（1）通过【项目】>【属性】，进入项目属性界面，单击【其它】，进入扩展的项目结构对话框，在此对话框中勾选结构盒，如图23-5所示。

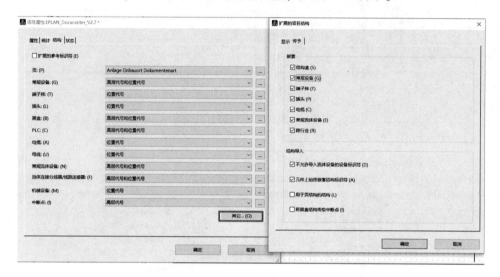

图 23-5　传予设置

（2）嵌套的结构盒中设备的完整结构标识符为 + A. B-F1，如图23-6所示。

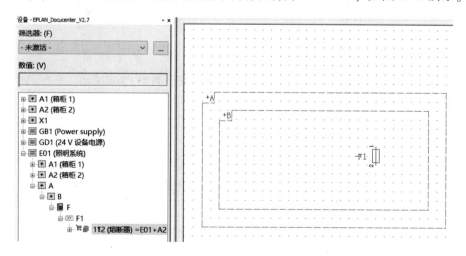

图 23-6　传予结构盒的设备标识符

（3）未传予结构盒的设备完整标识符为 + B – F1，如图23-7所示。

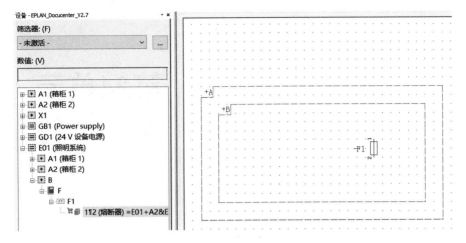

图 23-7　未传予结构盒的设备标识符

结构盒传予设置的典型应用为抽屉柜。

23.4　思考题

? 简述结构盒与黑盒的区别。

第24单元
跳　　线

端子排上的端子可以通过跨接线进行连接，这些连接可以采用接线式跳线、插入式跳线或鞍形跳线。其中鞍形跳线可以通过连接符号和不同的端子符号实现。

本单元练习的目的：

- 端子符号
- 功能定义（有鞍形跳线和无鞍形跳线）
- 鞍形跳线（端子符号）
- 鞍形跳线（连接符号）
- 端子排编辑

对应 Docucenter 的编号：

- Documentation center > > BASIS_024. 1

24.1　术语解释

鞍形跳线

为了在连接点上分配一个确定的电位，经常在直接相邻的端子上使用螺旋金属鞍形跳线，使用这种跳线将相邻的端子连接在一起，这种跳线被称为鞍形跳线。

24.2　命令菜单

- 插入连接定义点：
  - ➢【插入】>【连接定义点】
- 导航器：
  - ➢【项目数据】>【端子排】>【导航器】
- 编辑：
  - ➢【项目数据】>【端子排】>【编辑】

24.3　操作步骤

24.3.1　跳线

（1）通过插入连接符号，把-X1 端子排中的 1、2、3 号端子连接起来，如图 24-1 所示。

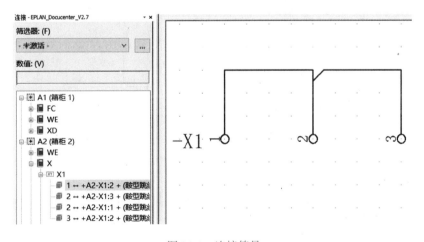

图 24-1　连接符号

（2）在连接导航器中，选择连接 1，右键【属性】进入连接属性对话框。单击功能定义右侧扩展按钮，进入功能定义选项卡，选择插入式跳线，如图 24-2 所示。单击【确定】后，在端子 1 和端子 2 之间会生成一个连接定义点。

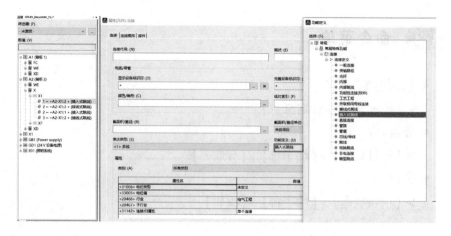

图 24-2　接线式跳线

（3）参照步骤（2），选择连接 2，设置端子 2 和端子 3 之间的连接为接线式跳线。单击【确定】，在端子 2 和端子 3 之间会生成一个连接定义点，如图 24-3 所示。

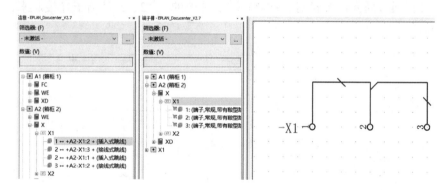

图 24-3　连接定义点

（4）通过【项目数据】>【端子排】>【编辑】，在编辑端子对话框可以看到插入式跳线与接线式跳线的连接效果，如图 24-4 所示。

图 24-4　编辑端子排

24.3.2　鞍形跳线

（1）使用连接符号。使用符号"1352／X2_2"和连接符号"跳线"如图 24-5 所示。

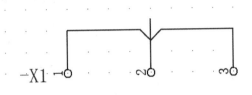

图 24-5　连接符号

（2）使用端子符号。使用符号"1356／X4_2"，如图 24-6 所示。

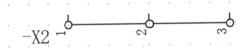

图 24-6　端子符号

（3）通过【项目数据】>【端子排】>【编辑】，我们可以查看端子排-X1 和 X2 的鞍形跳线效果，二者实现了相同的功能，如图 24-7 所示。

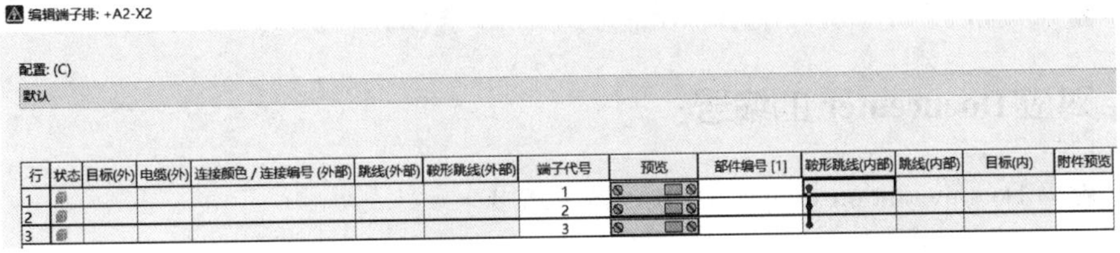

行	状态	目标(外)	电缆(外)	连接颜色／连接编号 (外部)	跳线(外部)	鞍形跳线(外部)	端子代号	预览	部件编号 [1]	鞍形跳线(内部)	跳线(内部)	目标(内)	附件预览
1							1						
2							2						
3							3						

图 24-7　鞍形跳线

24.4　思考题

？分别使用基本项目和项目模板作为新项目创建的模板，新建项目的数据有什么不同？

第25单元
创建和编辑端子排

将分散的端子绑定在一个排上，或者端子排上要添加固定器等附件，均需要通过端子排定义来实现。

本单元练习的目的：

- 创建端子排定义
- 端子排定义修正
- 端子排定义（属性说明，功能文本，端子排部件）

对应 Docucenter 的编号：

- Documentation center >> BASIS_025.1

25.1 术语解释

- 无

25.2 命令菜单

- 插入端子排定义：
  - ➤【插入】>【端子排定义】
- 修正端子排定义：

➤【项目】>【组织】>【修正】

25.3 操作步骤

端子排定义既可以通过在端子排导航器中生成端子排定义，也可以通过修正的方式添加。

25.3.1 插入端子排定义

（1）通过【项目数据】>【端子排】>【导航器】，打开端子排导航器，选中端子排，右键生成端子排定义，在设备标识符-选择对话框中，选择端子排定义的名称，如图 25-1 所示。

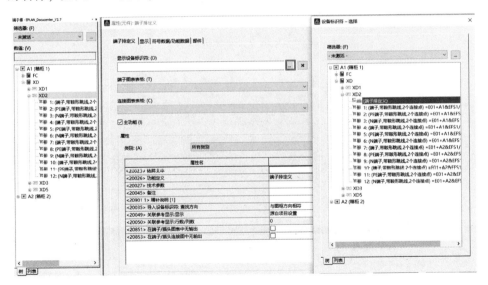

图 25-1 插入端子排定义

（2）在端子排定义属性对话框中可以输入端子排的功能文本，如 XD2 = Enclosure " Infrastructure"，如图 25-2 所示。

25.3.2 修正端子排定义

（1）通过【项目】>【组织】>【修正】，进入修正项目对话框。

（2）通过【…】进入修正设置对话框，在此对话框中勾选添加缺失的端子排定义，如图 25-3 所示。

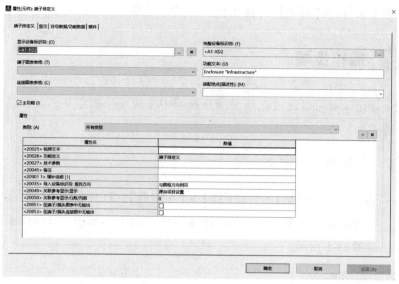

图 25-2   端子排定义功能文本

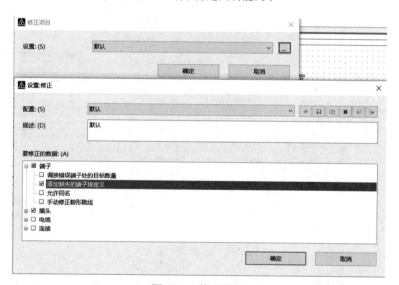

图 25-3   修正设置

（3）单击【确定】，在端子排导航器中就能看到操作之前没有端子排定义的端子排，会被添加上端子排定义。

25.4   思考题

? 端子排定义的添加方法有几种，如何添加？

第26单元
在相同项目内复制页

　　设计项目时经常需要对项目内某些页进行复制操作以加快项目设计进度。其前提是要复制的目标页已存在于已打开的项目内。

本单元练习的目的：

- 在项目内进行复制页的操作
- 在对话框内调整新复制页的页结构

对应 **Docucenter** 的编号：

- 📄 Documentation center >> BASIS_026. 1

26.1　术语解释

- 无

26.2　命令菜单

- 复制页
  - ➢ 页导航器选中要复制的页 > 右键 > 【复制】
  - ➢ 通过【菜单】>【编辑】>【复制】
- 粘贴页

> 页导航器内 > 右键 > 【粘贴】
> 通过【菜单】>【编辑】>【粘贴】

26.3　操作步骤

26.3.1　复制页

页导航器内选中要复制的目标页，单击鼠标右键，选择【复制】，如图 26-1 所示。

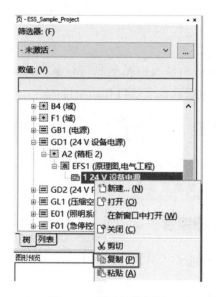

图 26-1　页导航器复制

或者单击菜单：【编辑】>【复制】，如图 26-2 所示。

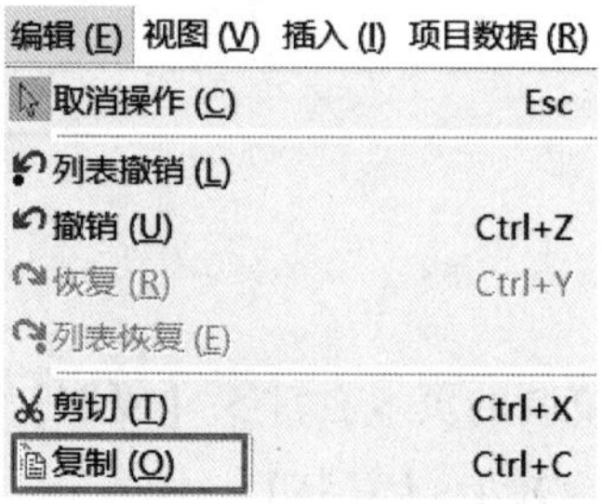

图 26-2　通过菜单复制

26.3.2　粘贴页

(1) 页导航器内，单击鼠标右键，选择【粘贴】，如图 26-3 所示。

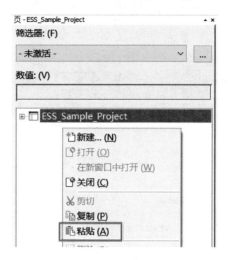

图 26-3　页导航器粘贴

或者单击菜单：【编辑】>【粘贴】，如图 26-4 所示。

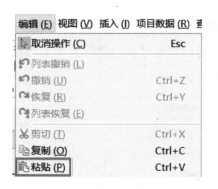

图 26-4　通过菜单粘贴

(2) 然后在【调整结构】对话框内【目标】处，编辑目标页的结构与页名，如图 26-5 所示。

(3) 如复制操作目标和源页结构与页名相同时，则会对源页进行覆盖，系统提示如图 26-6 所示，选择【是】源页将会被完整覆盖，选择【否】则会返回该操作。

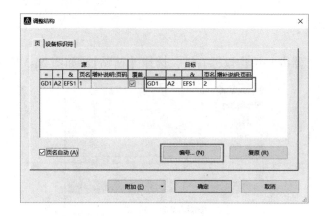

图 26-5 调整结构对话框

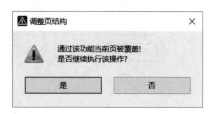

图 26-6 调整页结构

（4）如复制对象为多页图纸时，选择【编号】如图 26-5 所示，该操作可对多目标页进行编号。在【给页编号】对话框，可手工设定页编号的【起始号】与【增量】，如图 26-7 所示。

图 26-7 给页编号

（5）如需要对目标页的设备标识进行编辑，请切换选项卡【设备标识符】，在此对话框可对目标页内所包含的显示设备标识符做编辑，如图 26-8 所示。

图 26-8　调整结构对话框

26.4　思考题

？在进行页粘贴操作后的【调整结构】对话框，如何操作可以让目标页与源页的结构和页名完全一致？

第27单元
插入动态连接符号

EPLAN 中动态连接符号没有固定图形，并在 SPECIAL. slk 符号库中管理。

本单元练习的目的：

■ 在项目内熟练插入动态连接符号

对应 Docucenter 的编号：

■ 🖺 Documentation center > > BASIS_027. 1

27.1 术语解释

■ 无

27.2 命令菜单

• 插入连接符号
  ➤【插入】>【连接符号】

27.3 操作步骤

27.3.1 角

在原理图页内，通过菜单：【插入】>【角】，如图 27-1 所示，选择所需的连接方向与符号或者任选一个角符号通过〈Tab〉键切换变量，将角放置在原理图页上，如图 27-2 所示。

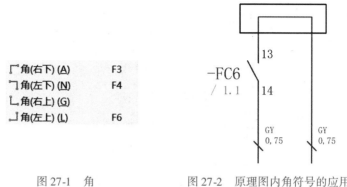

图 27-1　角　　　　　　　　图 27-2　原理图内角符号的应用

27.3.2　T 节点

（1）通过菜单：【插入】>【连接符号】>【T 节点】，如图 27-3 所示，选择所需连接方向的 T 节点或者选择一个 T 节点符号通过〈Tab〉键切换变量，将 T 节点放置在原理图页上，如图 27-4 所示。

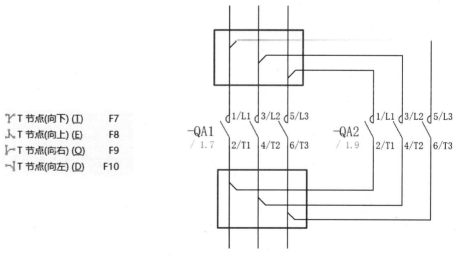

图 27-3　T 节点　　　　　　图 27-4　T 节点应用举例

（2）T 节点目标方向。以没有名称的连接点为基础，直角或直线方向连接点 1 始终为 T 节点第 1 目标，斜线方向连接点 2 始终为 T 节点第 2 个目标，如图 27-5 所示。

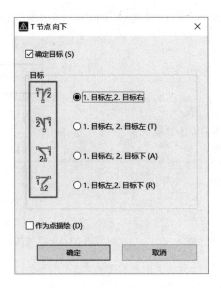

图 27-5　T 节点向下

（3）作为点描绘。在如图 27-6 所示处，勾选【作为点描绘】选项，T 节点将显示为点，如图 27-7 所示。

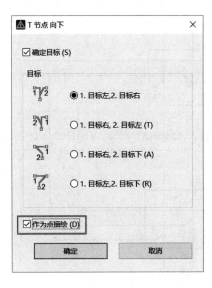

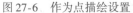

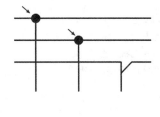

图 27-6　作为点描绘设置　　　　　　图 27-7　作为点描绘设置前后对比

（4）确定目标。取消勾选【确定目标】，【目标】与【作为点描述】选项将变为灰色并不可编辑，如图 27-8 所示，T 节点在原理图内也可以显示为点，如图 27-7 所示。

图 27-8　确定目标选项设置

27.3.3　跳线

（1）通过菜单：【插入】>【连接符号】>【跳线】，选择符号后通过〈Tab〉键切换跳线方向的变量，如图 27-9 所示。

↓跳线 (J)　　　　　Shift+F8

图 27-9　跳线符号

（2）跳线方向。已没有名称的连接点为起点，1/2/3 为跳线出线的目标方向，如图 27-10 所示。

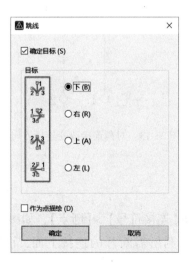

图 27-10　跳线目标

27.3.4　十字接头

通过菜单：【插入】>【连接符号】>【十字接头】，选择符号后通过〈Tab〉键切换所需十字接头方向的变量，如图 27-11 所示。

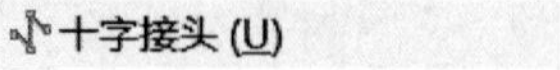

ᴺ十字接头 (U)

图 27-11　十字接头符号

27.3.5　对角线

通过菜单：【插入】>【连接符号】>【对角线】，如图 27-12 所示。选择符号后参照【图形编辑器】下方【状态栏】命令提示进行操作，先后在第 1 条与第 2 条连接间选择对角连接的放置位置，操作效果如图 27-13 所示。

↘对角线 (I)

图 27-12　对角线符号

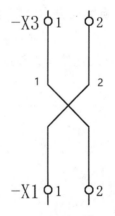

图 27-13　对角连接改变连接方向

27.3.6　断点

通过菜单：【插入】>【连接符号】>【断点】，如图 27-14 所示，选择符号后单击鼠标左键将断点插入到所需断开的连接上面，该部分连接将被打断，如图 27-15 所示。

（注：【断点】符号在 EPLAN 中默认为隐藏元素，插入后可以通过菜单激活，【视图】>【隐藏元素】，查看与编辑。）

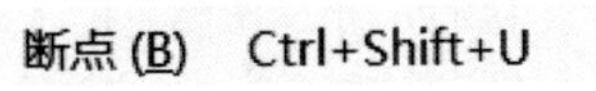

断点 (B)　Ctrl+Shift+U

图 27-14　断点符号

-X4
1
2
3
-X5
1
2
3

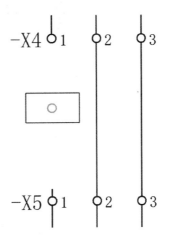

图 27-15　连接上插入断点

27.4 思考题

? EPLAN 内显示目标方向的 T 节点符号相比于【作为点描绘】的显示方式，有哪些优点？

第28单元
完 成 项 目

📚 **本单元练习的目的：**

■ 在项目内插入页宏

📑 **对应 Docucenter 的编号：**

■ 📄 Documentation center > > BASIS_028. 1
■ 📄 Documentation center > > BASIS_031. 1

28. 1 术语解释

页宏

页宏是可以包含一页或多页项目图纸的文档，其扩展文件名为 *. emp。

28. 2 命令菜单

- 创建页宏
  ➤【页】>【页宏】>【创建】
- 插入页宏
  ➤【页】>【页宏】>【插入】

28.3 操作步骤

28.3.1 创建页宏

（1）在页导航器内，通过鼠标选中需要复用的一页或多页图纸后再选择菜单：【页】>【页宏】>【创建】，如图 28-1 所示。

图 28-1 通过菜单创建页宏

（2）弹出对话框【另存为*】，各字段含义如下，如图 28-2 所示。

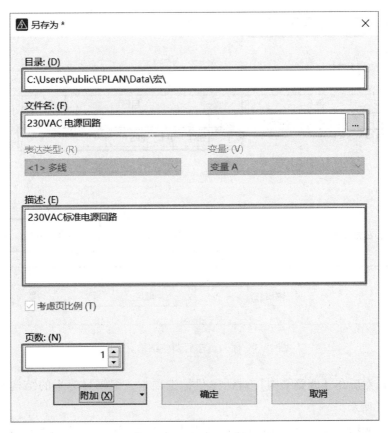

图 28-2 创建页宏后的另存操作

- 目录：选择该页宏所保存的路径。

- 文件名：自定义该页宏的名称，单击 ⬚ ，可进入页宏默认保存路径，可选择另一个名称和/或另一个目标目录。

- 描述：自定义页宏的描述。

- 页数：自动读写该页宏所包含的图纸页数。

- 表达类型：默认为所选择页的类型，不可修改。

- 变量：默认为变量 A，不可修改。

28.3.2　插入页宏

（1）在页导航器内，单击鼠标右键选择【插入页宏】或选择菜单：【页】>【页宏】>【插入】，如图 28-1 所示。

（2）选择要插入的页宏后，弹出对话框【调整结构】，如图 28-3 所示。

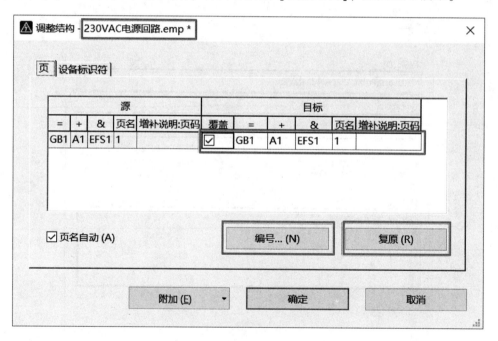

图 28-3　插入页宏后调整结构对话框

（3）然后在【调整结构】对话框目标选项卡，编辑目标页的结构与名称，如图 28-3 所示。

（4）如插入页宏的目标页和源页结构与名称相同时，则会对源页进行覆盖，系统提示如图 28-4 所示，选择【是】源页将会被完整覆盖，选择【否】则会返回该操作。

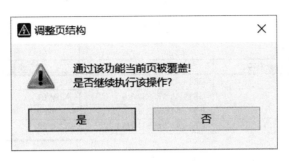

图 28-4　调整页结构

（5）如插入页宏包含多页图纸时，选择【编号】，如图 28-3 所示，可对多目标页进行编号，在【给页编号】对话框内，定义【起始号】与【增量】等，如图 28-5 所示。

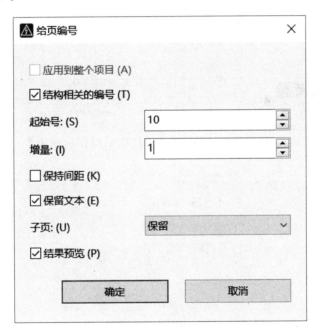

图 28-5　给页编号配置

（6）如需对新插入页宏内的设备标识进行编辑，请切换选项卡【设备标识符】，在此对话框可对目标页中【显示设备标识符】做编辑，如图 28-6 所示。

图 28-6 编辑显示设备标识符

28.4 思考题

❓ EPLAN 内应用页宏与对页进行复制/粘贴操作有何不同？哪种方式更便于管理页？

第29单元
电位定义点与电位连接点的应用

在电气设计中，电位是指某特定回路内的电压，由电源设备发起，终止于耗电设备。在 EPLAN 中电位可以由电位定义点或电位连接点来定义。

本单元练习的目的：

- 在项目内插入电位定义点
- 在项目内插入电位连接点

对应 Docucenter 的编号：

- Documentation center >> BASIS_029. 1

29.1 术语解释

1. 电位定义点

电位定义点用来指定一个或者多个连接所传递的电位属性。

2. 电位连接点

电位连接点是一个含有电位逻辑的符号，可用作电位的发起点，其电位属性通过相连的连接传递。

29.2 命令菜单

- 通过菜单插入电位定义点

➢【插入】>【电位定义点】
● 通过菜单插入电位连接点
➢【插入】>【电位连接点】

29.3　操作步骤

29.3.1　插入电位定义点

（1）通过菜单：【插入】>【电位定义点】，如图 29-1 所示。

图 29-1　电位定义点符号

（2）将电位定义点放置在原理图内的连接上，弹出对话框【属性（元件）：电位定义点】，在"电位定义"选项卡内，可定义电位名称和属性值，举例如下，如图 29-2 所示。

●【电位名称】：手动输入电位名称或通过单击 ... 选择项目内已预定义的电位名称。

●【属性】>【电位类型】：在数值选项卡，通过下拉菜单选择预定义的电位类型。

●【属性】>【电位值】：在数值选项卡，手动输入所需电位值。

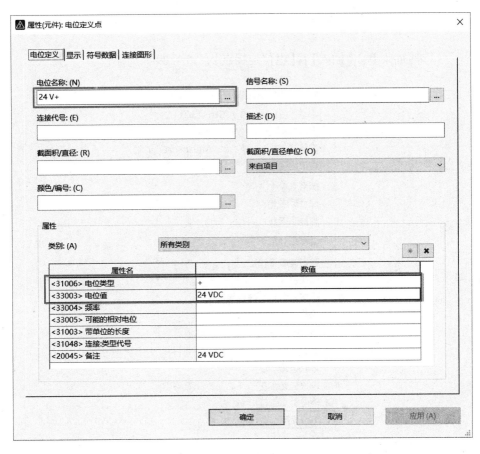

图 29-2　电位定义点属性值

（3）在【连接图形】选项卡内，可定义与该电位所在连接的显示属性，包含线宽/颜色/样式长度/层，如图 29-3 所示。

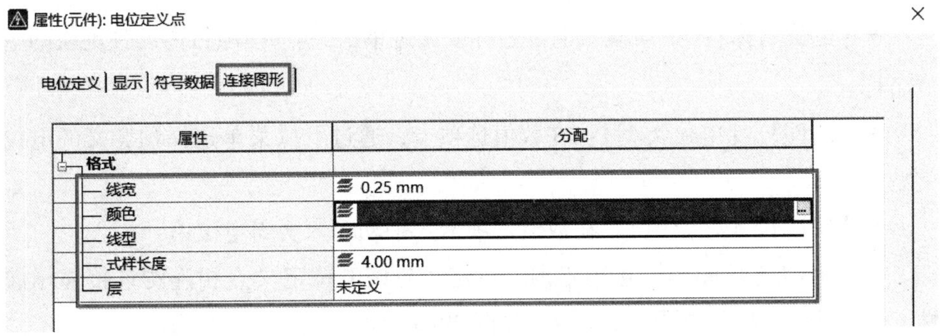

图 29-3　电位定义点图形显示设置

29.3.2　插入电位连接点

(1) 通过菜单：【插入】>【电位连接点】，如图 29-4 所示。

图 29-4　电位连接点符号

(2) 将电位连接点放置在原理图上，弹出对话框【属性（元件）：电位连接点】，在【电位定义】选项卡内，可定义电位名称和属性值，举例如下，如图 29-5 所示。

- 【电位名称】：手动输入电位名称或通过单击[...]选择项目内已预定义的电位名称。
- 【属性】>【电位类型】：在数值选项卡，通过下拉菜单选择预定义的电位类型。
- 【属性】>【电位值】：在数值选项卡，手动输入所需电位值。

(3) 在【连接图形】选项卡内，可定义与该电位定义点相连的连接显示属性，包含线宽/颜色/式样长度/层，如图 29-6 所示。

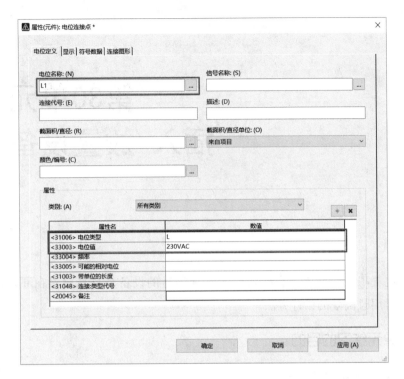

图 29-5　电位连接点属性

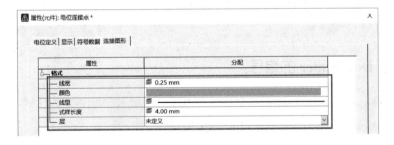

图 29-6　电位连接点显示设置

29.4　思考题

？ 在连接上插入电位定义点并定义连接颜色后，该颜色分配是否可在与其等电位的连接上传递？

第30单元
插入/放置设备

在电气项目设计中，直接将已知部件型号的设备与符号放置在原理图内，是一种常用且高效的设计方法。

本单元练习的目的：

- 插入/放置 PLC 设备
- 插入 PLC 卡和连接点
- 使用现用的 PLC 连接点
- "总览"页类型的应用

对应 Docucenter 的编号：

- Documentation center >> BASIS_030. 1
- Documentation center >> BASIS_030. 2
- Documentation center >> BASIS_030. 3

30.1 术语解释

1. 总览页

对单个或多个设备及其功能进行总览式描绘，包含 PLC 卡总览、插头总览等。

2. 交互式 & 自动

交互式：即为手动绘制的图纸页，设计者与计算机互动。

自动：系统通过评估逻辑自动生成的图纸页。

30.2 命令菜单

- 创建总览页
  - ➤【页】>【新建】
- 插入设备
  - ➤【插入】>【设备】
- 属性（全局）

30.3 操作步骤

30.3.1 创建总览页

图 30-1　新建页

（1）通过菜单：【页】>【新建】，如图 30-1 所示。

（2）激活对话框【页属性】，如图 30-2 所示。

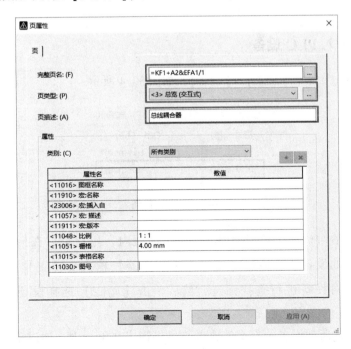

图 30-2　页属性

（3）在"完整页名"，通过单击 ... 选择定义总览页的结构与页名，如图 30-3 所示。

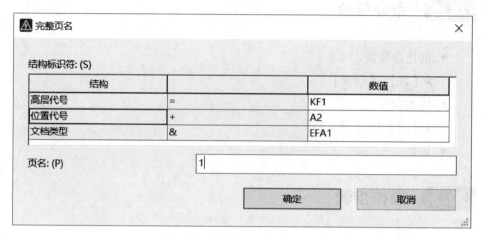

结构		数值
高层代号	=	KF1
位置代号	+	A2
文档类型	&	EFA1

图 30-3   定义页结构与页名

（4）在"页类型"栏，通过下拉菜单选择"＜3＞总览（交互式)"。

（5）在"页描述"栏，手动输入页的描述，然后单击【确定】完成页新建。

30.3.2   插入 PLC 设备

（1）通过菜单：【插入】>【设备】，如图 30-4 所示。

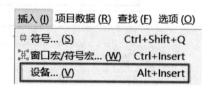

图 30-4   设备直接插入

（2）激活对话框【部件选择】，在对话框内，用户可以在树形结构下选择所要插入的设备或者通过【完整文本筛选器】输入部件编号，单击 🔍 在整个部件库对设备进行查找筛选，然后单击【确定】选择设备，如图 30-5 所示。

（3）上述所选设备的宏文件或者符号将锁定在鼠标上，通过单击鼠标左键可以将该设备放置在所要放置的页面上，如图 30-6 所示。

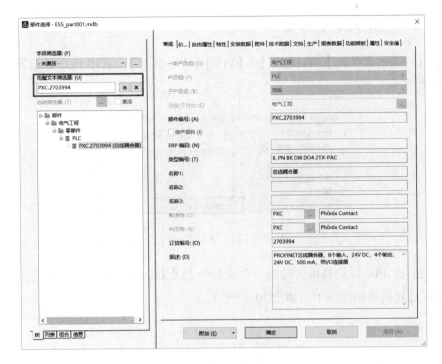

图 30-5　部件选择

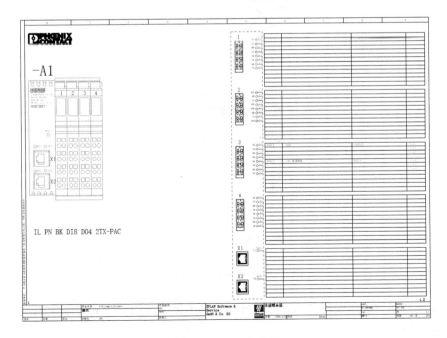

图 30-6　PLC 总览页

30.3.3 放置 PLC I/O 点

（1）通过菜单：【项目数据】>【PLC】>【导航器】，调用 PLC 导航器，如图 30-7 所示。

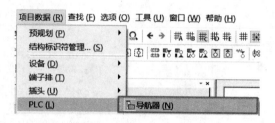

图 30-7　PLC 导航器调用

（2）在 PLC 导航器内，选中一个或多个 PLC I/O 点，通过右键【放置】或用鼠标直接拖放到图面上，如图 30-8 所示。

图 30-8　PLC I/O 点放置功能

（注：如一次选择多个点时，通过多次单击鼠标左键的方式将多个点依次放置在图面上。）

（3）分散放置 PLC I/O 点举例，如图 30-9 所示。

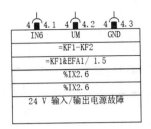
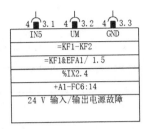

图 30-9　PLC I/O 符号放置

（4）原理图内 PLC I/O 与总览页自动关联参考，如图 30-10 所示。

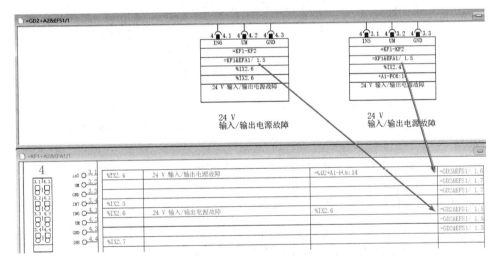

图 30-10　PLC I/O 点在总览页与原理图页间自动关联参考

30.3.4　属性（全局）

（1）首先选中设备符号，鼠标右键，选择【属性（全局）】，如图 30-11
所示。

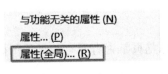

图 30-11　属性（全局）

（2）激活对话框【属性（全局）】，如图 30-12 所示。

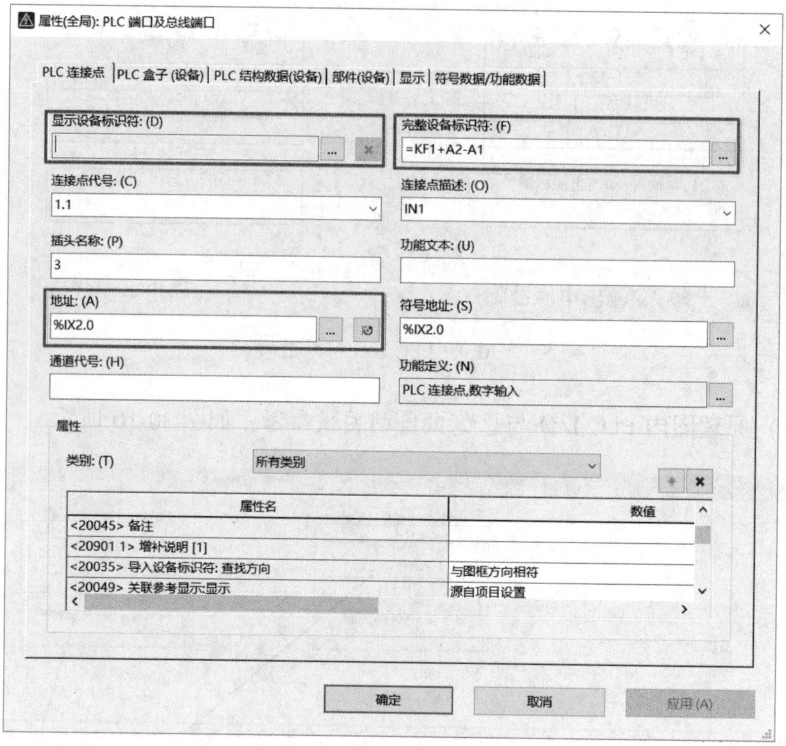

图 30-12   PLC I/O 点属性全局

- 显示设备标识符：灰色不可编辑。
- 完整设备标识符：可编辑，若在此处修改设备标识符，则项目内包含该设备主功能与辅助功能所有的设备标识符将会同步修改。
- 地址：可编辑，若在此处修改 I/O 地址，则该 I/O 地址在主功能（总览页）与辅助功能（原理图页）将同步修改。

（注：对话框内，其他选项编辑方法同上，修改值将在设备主功能与辅助功能间同步修改。）

30.4   思考题

? 在页导航器中，总览页是否有专有的显示图标？

? 通过属性全局修改设备属性与通过属性修改设备属性有何不同？

第31单元
完 成 项 目

参与者用 Docucenter 准备好的页宏完成改步骤。

本单元练习的目的：

■ 插入页宏

对应 **Docucenter** 的编号：

■ Documentation center >> BASIS_031. 1

31. 1　术语解释

■ 无

31. 2　命令菜单

* 插入页宏
  ➤【页】>【页宏】>【插入】

31. 3　操作步骤

■ 无

 提示：

本单元操作步骤已在 28 单元涉及，本单元不再重复。

第32单元
电 缆 定 义

在 EPLAN P8 中，电缆是高度分散的设备，由电缆定义线、屏蔽和芯线组成，具有一个主功能的同时可以有多个辅助功能，且它们都具有相同的设备标识符。

本单元练习的目的：

- 绘制电缆定义线或屏蔽
- 电缆部件选型
- 编辑电缆 – 放置、移动、替换芯线
- 电缆芯线自动分配

对应 Docucenter 的编号：

- ▤ Documentation center >> BASIS_032. 1

32.1 术语解释

电缆定义

在 EPLAN 中电缆通过电缆定义体现，可通过电缆定义线对电缆进行图形显示，接着可在属性对话框中指定电缆属性并定义电缆。

32.2 命令菜单

- 电缆导航器

➢【项目数据】>【电缆】>【导航器】
- 重新分配
  ➢【项目数据】>【电缆】>【分配电缆连接】>【全部重新分配】
- 设置
  ➢【选项】>【设置】>【项目】>【项目名】>【设备】>【电缆】

32.3　操作步骤

32.3.1　插入电缆定义

1. 图形编辑器中定义

（1）通过菜单执行操作：【插入】>【电缆定义】，如图 32-1 所示。

图 32-1　插入电缆定义

（2）使电缆定义符号系附在鼠标指针，拖拉电缆定义线扫过将要插入电缆的连接，通过鼠标左键确定起点，然后再次单击确定终点，如图 32-2 所示。

注：电缆定义与连接必须有交叉，否则无法为连接定义电缆芯线。

（3）激活对话框【属性（元件）：电缆】，在对话框内定义电缆显示设备标识符等其他相关属性，然后单击【确定】，如图 32-3 所示。

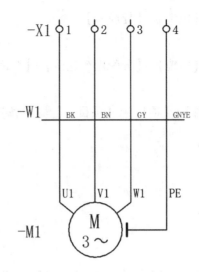

图 32-2   插入电缆定义并自动匹配芯线

图 32-3   电缆属性

2. 导航器内定义

(1) 通过菜单调用：【项目数据】>【电缆】>【导航器】，如图 32-4 所示。

图 32-4 调用电缆导航器

(2) 在【电缆导航器】内，单击鼠标右键选择【新建】，如图 32-5 所示。

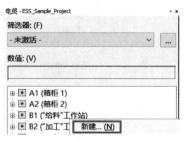

图 32-5 导航器新建电缆

(3) 在【功能定义】对话框，选择【电缆定义】，然后单击【确定】，如图 32-6 所示。

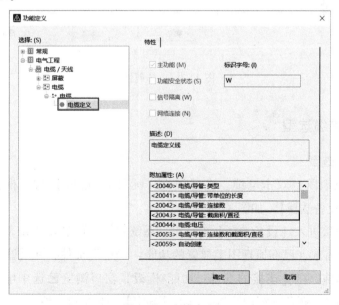

图 32-6 电缆定义

（4）在【属性（元件）：电缆】对话框，定义电缆显示设备标识符等其他相关属性，如图 32-7 所示。

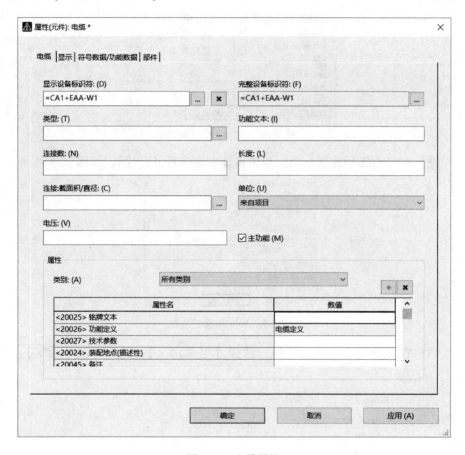

图 32-7　电缆属性

32. 3. 2　电缆选型

1. 智能选型

（1）原理图上双击电缆，在【属性（元件）：电缆】对话框，依次选择【部件】>【设备选择】，如图 32-8 所示。

（2）直接进入【设备选择】对话框，系统将智能筛选出当前部件库内所有能满足功能需求（已在原理图上放置的功能）的电缆部件，在【主部件】窗口选择电缆部件，在【连接的部件：功能/模板】窗口浏览已选中电缆部件的细节：连接编号、颜色和截面积等，单击【确定】，如图 32-9 所示。

图 32-8 设备选择

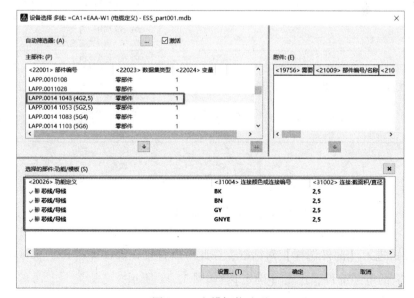

图 32-9 电缆智能选型

（3）确定电缆选型后，电缆的芯线将依据电缆两端源和目标设备连接点的功能定义，被正确地分配给对应的连接，如图 32-2 所示。

2. 手动选型

（1）在【属性（元件）：电缆】对话框，鼠标单击【部件】标签，在【部件编号】处单击【…】，如图 32-10 所示，可进入部件库对设备进行选型。

图 32-10　部件选型

（2）进入【部件选择】对话框，在此可以直接在部件库【ESS_part001】内选择所需的电缆部件，单击【确定】，如图 32-11 所示。

注：手动选型的电缆不能自动分配芯线，需手动放置与调节。

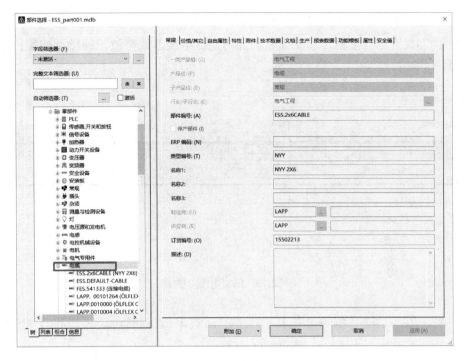

图 32-11　部件库内手动选型

32.3.3　电缆编辑

（1）通过菜单操作：【项目数据】>【电缆】>【编辑】或在电缆导航器内单击鼠标右键选择【编辑】，激活【编辑电缆】对话框，对话框左侧【功能模板】窗口描述了所选电缆部件的功能模板，右侧窗口【连接】描述了该电缆在原理图内所需的连接情况，如图 32-12 所示。

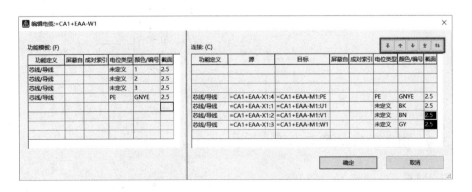

图 32-12　电缆编辑

（2）在对话框【编辑电缆】右上角，通过单击按钮 ⤒ ↑ ↓ ⤓ 移动【连接】内芯线直至与左侧【功能模板】相对应，电缆芯线将被正确赋予连接，如图 32-13 所示。

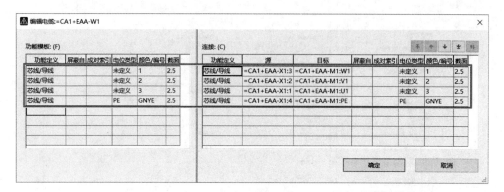

图 32-13　编辑电缆芯线

（3）在对话框【编辑电缆】右上角，通过单击按钮 ⇅，可以将【连接】中选中的两个连接芯线互换，如图 32-14 所示。

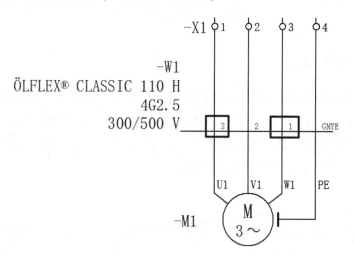

图 32-14　电缆芯线互换

32.3.4　电缆芯线放置与分配

1. 放置

打开【电缆导航器】，选中电缆的一条或多条电缆芯线，单击鼠标右键，选择【放置】或直接通过鼠标拖拽，然后可以通过单击鼠标左键依次将选中的芯线直接放置在原理图所需连接上，如图 32-15 所示。

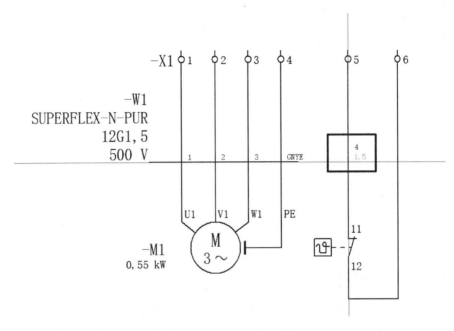

图 32-15　电缆芯线分散放置

2. 分配

打开【电缆导航器】，选中电缆芯线，单击鼠标右键，选择【分配】或直接通过鼠标拖拽，然后可以将选中的芯线通过移动鼠标覆盖在原理图内已有芯线连接上，单击鼠标左键，系统会提示是否覆盖如图 32-16 所示，单击【是】，则已放置的芯线将会被选择的芯线所覆盖，如图 32-17 所示。

图 32-16　系统提示对话框

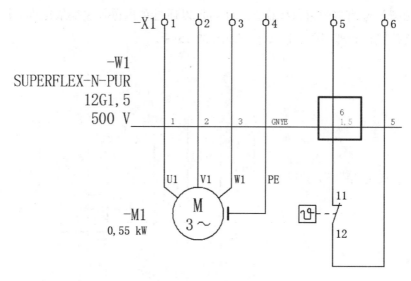

图 32-17   电缆芯线替换

32.3.5   电缆编号

（1）通过菜单：【项目数据】>【电缆】>【编号】或在电缆导航器内单击鼠标右键【电缆设备标识符编号】，调出【对电缆编号】对话框，分别在【起始值】与【增量】定义数值，如图 32-18 所示。单击【确定】，所有选中的电缆将按照规则依次编号，如图 32-19 所示。

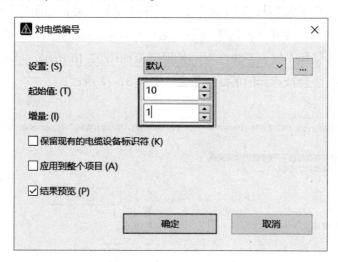

图 32-18   电缆编号

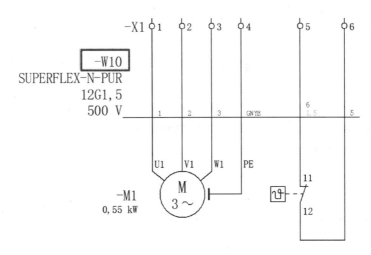

图 32-19 电缆自动编号

（2）在【对电缆编号】对话框，单击 ... 打开【设置：电缆编号】对话框，如图 32-20 所示。

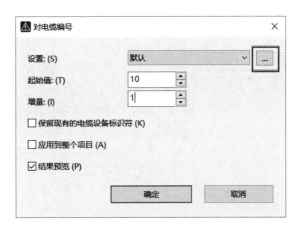

图 32-20 打开【设置：电缆编号】对话框

（3）在【设置：电缆编号】对话框内，如图 32-21 所示。

- 配置：通过按钮 ✳ 🗄 🗐 ✖ ⇥ ⇤ ，可以对该电缆编号配置进行新建、导入、导出等操作。

- 格式：在下拉菜单选择【根据源和目标】为例。

- 源和目标外的括号：选择【角括弧】为例。

- 单击【确定】后，所有选中电缆将重新编号，如图 32-22 所示。

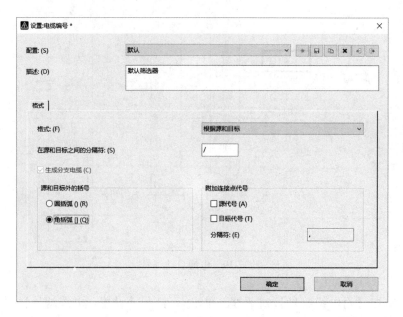

图 32-21　电缆编号规则配置

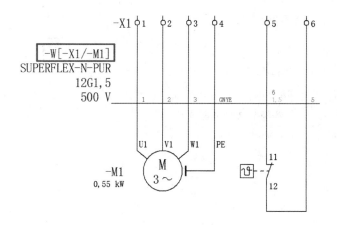

图 32-22　电缆编号包含源和目标标识符

32.4　思考题

❓ 相同设备标识的电缆，在单线原理图与多线原理图内多次使用，这些电缆在不同页类型之间是否可以产生自动关联参考？

第33单元
电 缆 屏 蔽

　　电缆屏蔽在工业领域应用广泛，目的是保证电缆在有电磁干扰环境下系统的传输性能。

本单元练习的目的：

■ 绘制电缆定义线与屏蔽

对应 Docucenter 的编号：

■ Documentation center >> BASIS_033. 1

33. 1　术语解释

　　电缆屏蔽
　　该符号用于定义项目中已使用的电缆中的屏蔽层，在电缆功能定义中通过"SH"来定义。

33. 2　命令菜单

- 插入电缆屏蔽
  ➤【插入】>【屏蔽】

33.3 操作步骤

（1）通过菜单：【插入】>【屏蔽】，如图 33-1 所示。

（2）当屏蔽符号系附在鼠标时，在原理图内单击鼠标左键定义起点，鼠标从右往左扫过电缆连接，再单击鼠标左键定义终点，从而激活【属性（元件）：屏蔽】对话框，在【显示设备标识符】处手动定义电缆设备标识符或通过单击后面 ... 按钮，在【设备标识符-选择】对话框内选择电缆标识符，如图 33-2 所示。

图 33-1　屏蔽符号

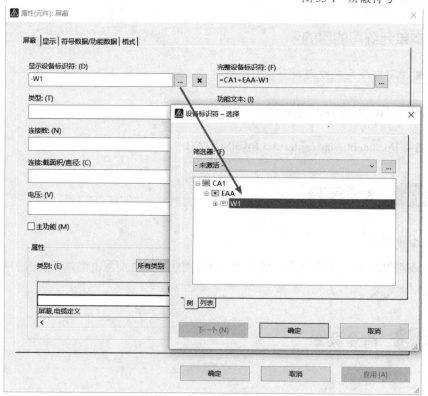

图 33-2　选择电缆设备标识符

（3）关闭所有对话框后，完成电缆定义与屏蔽线显示效果如图33-3所示。

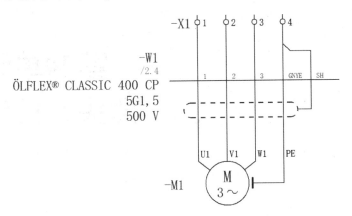

图33-3　插入电缆定义与屏蔽

33.4　思考题

? 相对于绘制电缆定义，为什么绘制屏蔽线起点在右侧，终点在左侧？

第34单元
插头、插针

本单元练习的目的：

- 将插头、插针设计到原理图中
- 掌握如何设置插头、插针定义

对应 Docucenter 的编号：

- 📄 Documentation center >> BASIC_034.1

34.1 术语解释

插头、耦合器和插座是可分解的连接（插头连接），用来将安装元件、设备和机器连接起来。它们总是由多个组件组成。对于不同的要求和不同的环境有不同的操作。

大多数情况下，插头安装在一根电缆上并用于将设备连接到电网。通常它们包含多个用于安插到嵌入式插头的公插针。个别情况下会看到同时拥有公插针和母插针的带嵌入式的插头。

插头的配对物被称为耦合器（如果可移动，即与电缆连接）或插座（如果固定在墙上或内置在设备里）。在不同的执行过程中和许多不同的联系中都存在着耦合器和插座。耦合器通常配有母插针。插座通常配有公插针或母插针的嵌入式。个别情况下会看到同时拥有公插针和母插针的带嵌入式的耦合器或插座。

在 EPLAN 中所有的插头连接（不论是插头还是耦合器或插座）都在"插头"

总概念下进行管理：将插头理解为数个插针的组合，不论这些插针是公插针还是母插针。插头和其配对物可以分开或统一管理；在统一管理时看作是带有插头的整件。

34.2　命令菜单

- 打开导航器：
  - ➤【项目数据】>【插头】>【导航器】
- 插头编辑：
  - ➤【项目数据】>【插头】>【编辑】
- 插入插头设备：
  - ➤【插入】>【设备】
- 管理插头部件：
  - ➤【插入】>【符号】

34.3　操作步骤

34.3.1　插头定义

为了规范及规划插头插针的使用，EPLAN 插头定义将按照 IEC 的设计要求，帮助用户完成对插头插针的设计，如图 34-1 插头定义。

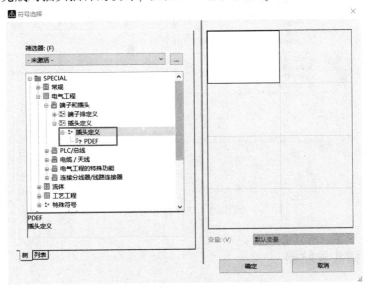

图 34-1　插头定义

34. 3. 2 插头的定义

插头可以在以下环境中进行设计使用：

1）可从带有预定义属性的功能定义选择中创建插头和插针。

2）可根据要求配置插头，也就是说，可任意组合使用公插针和母插针。

3）可以互相分配插头连接的单个公插针和母插针。

4）可管理叠套在设备里的插头连接。

5）可确定插头内部的插针的顺序。

6）可给插头和插针编号以及创建插针代号的编号配置。

7）将在插针上录入可随后输出至报表的部件或可用于制造数据导出/标签的部件。

在设计原理图时，可以通过调取符号库的方式，调出需要的插针，并放置在原理图中，如图34-2插针符号示例。

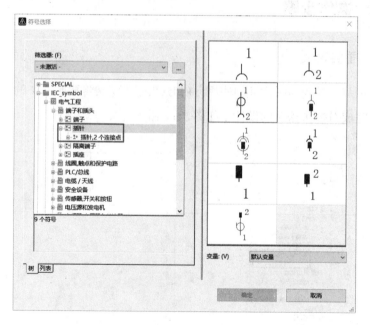

图34-2　插针符号示例

34. 3. 3 插头导航器

为方便对插头设计的管理，所有插头均可以在插头导航器中进行管理。打开导航器：【项目数据】>【插头】>【导航器】，如图 34-3 所示。

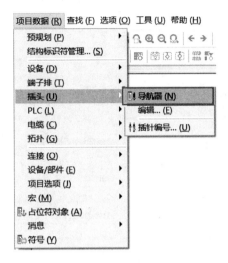

图 34-3 插头导航器

34. 3. 4 创建并编辑插头

在插头导航器中单击鼠标右键，选择生成插针，并根据设计需要，选择生成公插针还是母插针，或者公插针和母插针，如图 34-4 所示。

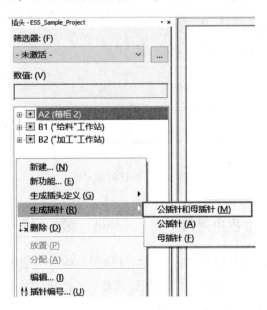

图 34-4 生成插针

在属性窗口中编辑插针信息，并确认创建插针完毕，单击【确定】，如图 34-5 所示。

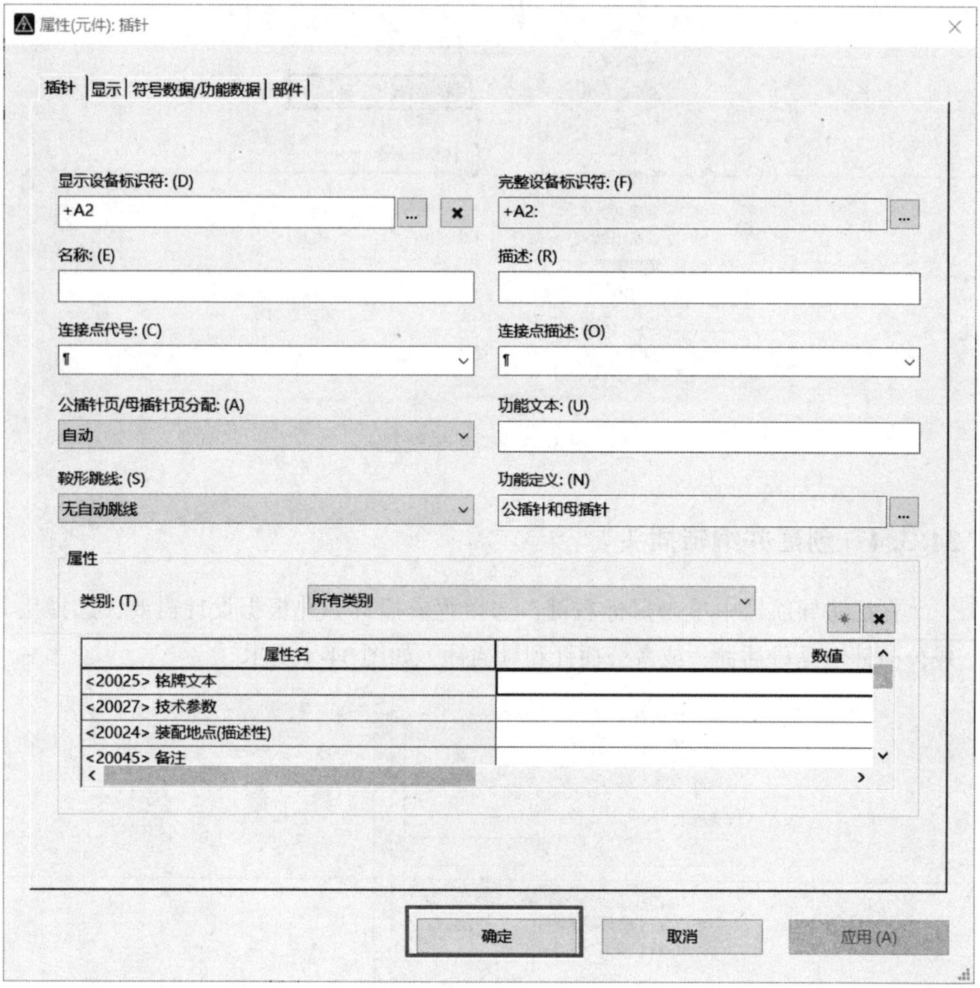

图 34-5   插针创建完毕

34.3.5   在移动过程中保持 DT（〈Shift〉键）

如图 34-6 所示为插针练习。在移动过程中，如果不想因为移动而对插头插针的 DT 编号造成修改，则在用鼠标拖拽移动前，按住键盘上的〈Shift〉键，然后再进行插头插针的移动即可。

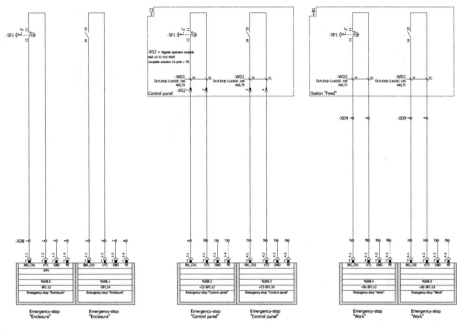

图 34-6　插针练习

34.4　思考题

? 公插针和母插针的使用是否没有插头定义？为什么？

第35单元
层 管 理

📚 **本单元练习的目的:**

■ 学会运用层管理来设置和调整显示方式

📖 **对应 Docucenter 的编号:**

■ 📄 Documentation center > > BASIC_035. 1

35.1 术语解释

在 EPLAN 中分配原理图里的元素到一定的层中。借助层管理可进行下列操作:

1) 层影响打印和图形编辑器中的可见度,以及分配给它们的元素的显示属性,如线宽、线型、颜色、字号等。

2) 可选择将某些打印或输出的信息显示或隐藏在显示屏上。

3) 可利用层将不应该显示或打印的信息(如关于生产设备状况的注释)记录到原理图中。

4) 可将原理图中的某些元素显示或隐藏,例如机械设计中的电缆定义线、端子排文本、辅助线等。通过层管理可以轻松地将隐藏的信息重新显示并编辑。

35.2 命令菜单

• 打开层管理:

> 【选项】>【层管理】

35.3 操作步骤

35.3.1 打开层管理

通过菜单：【选项】>【层管理】打开层管理，如图 35-1 所示。

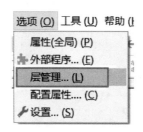

图 35-1 层管理

35.3.2 新建层

在层管理界面先单击新建，如图 35-2 所示。

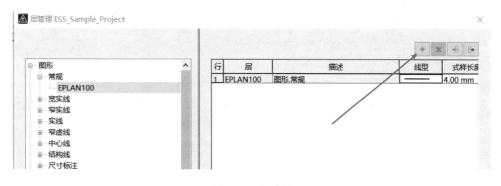

图 35-2 新建层

35.3.3 修改层设置

找到需要修改的层，单击需要修改的层属性信息，进入修改即可，如图 35-3 所示。

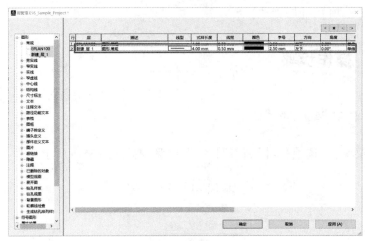

图 35-3   修改层设置

35.3.4   删除层

在左侧边栏选中需要删除的层，然后单击右侧的删除键即可，如图 35-4 所示。

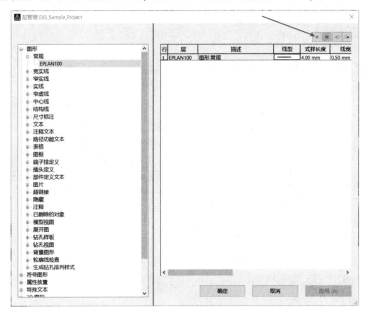

图 35-4   删除层

35.4   思考题

❓ 请问，图层是否可以定义为"显示""不打印"的设计方式？如何做？

第36单元
部 件 管 理

本单元练习的目的：

- 运用部件管理器选择部件
- 运用部件管理功能创建新部件
- 运用部件同步功能将修改后的部件信息同步到原理图中

对应 Docucenter 的编号：

- 无

36.1 术语解释

部件管理

对供应商及元器件信息的管理都在这里进行。管理的数据存储在 Microsoft Access 或 SQL 数据库中。

36.2 命令菜单

➢【工具】>【部件】>【管理】

36.3 操作步骤

36.3.1 创建部件库

创建部件库，请单击【工具】>【部件】>【管理】，如图 36-1 所示。

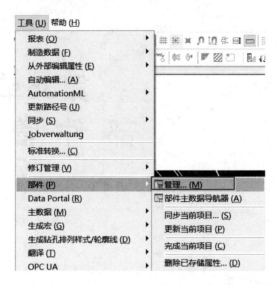

图 36-1   部件管理

在打开的部件管理器下方单击【附加】，选择【设置】，如图 36-2 所示。

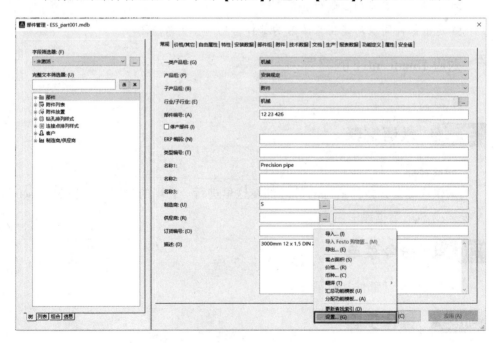

图 36-2   部件管理设置

单击【新建】新建部件库，如图 36-3 所示。

图 36-3 新建部件库 1

在文件名处录入要新建的部件库名，然后单击【打开】，如图 36-4 所示。

图 36-4 新建部件库 2

页面返回到上一步操作界面，参考图 36-3 新建部件库的 Access 数据库是否已为刚刚创建的部件库名称，确认无误，请单击【确认】，回到部件管理状态页面。

36.3.2 部件筛选

在部件管理器中，可以很方便地对部件信息进行快速筛选，以便查看。单击【工具】>【部件】>【管理】，如图 36-1 所示。

进入如图 36-5 所示界面，在"完整文本筛选器"中键入需要查找的部件的关键字符或完整编号，单击查找图标（望远镜）即可进行部件筛选。

图 36-5　部件筛选

36.3.3 创建/复制新的部件

在打开的部件管理器界面下，展开部件列表，找到需要创建部件的分支层，右键鼠标，选择【新建】，如图 36-6 所示。

依次在右侧选择并确认相应的产品分类及行业信息，输入部件编号、类型编码、名称、制造商等信息，填写完毕后单击【应用】，关闭即可。

复制部件时，同样在图 36-6 新建部件的鼠标右键选项中，选择【复制】，并再次单击鼠标右键，选择【粘贴】，修改部件编号，信息修改完毕后单击【应用】，关闭即可。

图 36-6　新建部件

36.3.4　同步部件信息

当所有的部件信息修改工作操作完毕后，关闭部件管理界面，单击【工具】>【部件】>【同步当前项目】即可，如图 36-7 所示。

图 36-7　同步部件

36.4　思考题

❓ 部件编号是否可以在部件管理器中重复使用？为什么？

第37单元
表格、图框编辑

📚 **本单元练习的目的：**

■ 学会对图框的修改和显示内容的定制

📖 **对应 Docucenter 的编号：**

■ 📄 Documentation center > > BASIC_037. 1

37.1　术语解释

1. 表格

以图形形式输出分析过程中的信息或结果。

2. 图框

将设计信息完整框定的设计布局。

通过表格确定，应以哪种顺序、哪种布局输出哪些属性。表格定义一个页上带定位信息的框列表和每页输出的数据集数目。同时，通过固定定义的占位符确定信息的位置和格式化。在与功能相关的区域内明确设置（数字或字母数字式）占位符标识。

37.2　命令菜单

➤【工具】>【主数据】>【图框】>【复制】

> 【工具】>【主数据】>【同步当前项目】
> 【选项】>【设置】>【项目】>【项目名称】>【管理】>【页】
> 【选项】>【设置】>【项目】>【项目名称】>【报表】>【输出为页】

37.3　操作步骤

37.3.1　图框复制

图框复制，请单击【工具】>【主数据】>【图框】>【复制】，如图 37-1 所示。

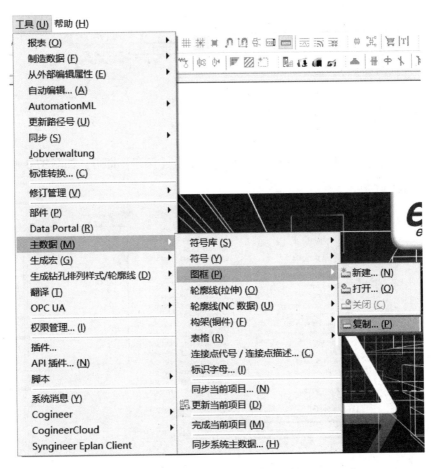

图 37-1　图框复制

选择需要进行复制的图框，如图 37-2 所示，单击【打开】。

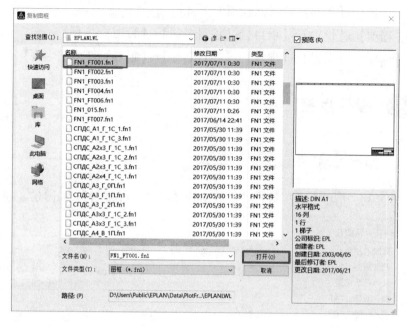

图 37-2　选择图框

在"文件名"处输入要备份的文件名，单击【保存】即可，如图 37-3 所示。

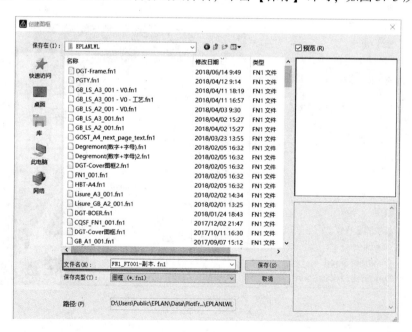

图 37-3　保存图框

37.3.2 同步当前项目

操作同步当前项目时，请单击【工具】>【主数据】>【同步当前项目】，如图 37-4 所示。

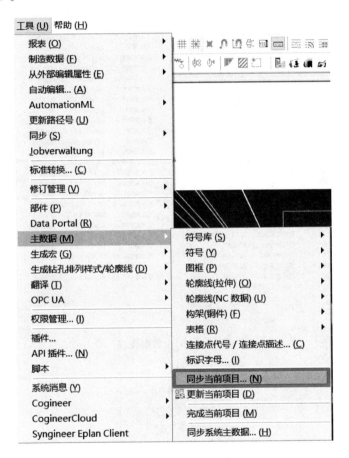

图 37-4 同步当前项目

如图 37-5 所示，选中左侧标记为"仅在项目中"的信息，再单击中间向左的箭头，即可将项目中的数据同步到系统当中。

37.3.3 页管理

进行管理页的操作时，请单击【选项】>【设置】，如图 37-6 所示，打开页管理。

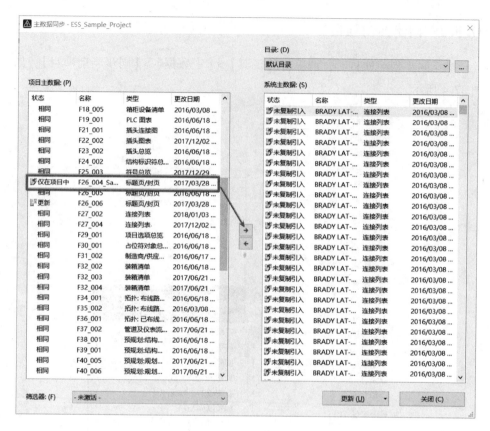

图 37-5　同步数据操作

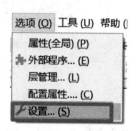

图 37-6　打开页管理

　　进入到管理界面后，展开项目，并找到"管理"分页下的"页"，如图 37-7 所示。在这里，可以根据项目的需要，将项目页的使用模式设置成符合当前项目需要的模式。

　　配置完毕后，单击【确定】即可。

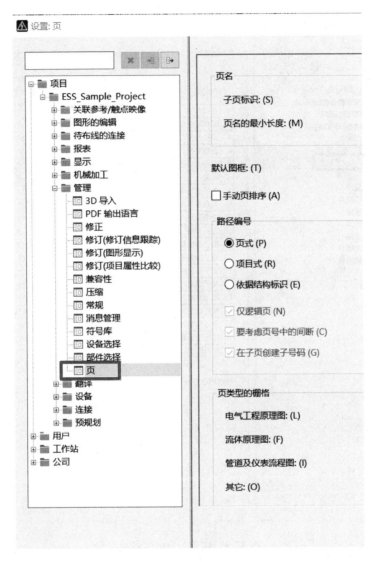

图 37-7 页管理配置

37.3.4 输出为页管理

设置报表输出时的默认页，请单击【选项】>【设置】，如图 37-6 所示。

打开对应的项目，在"报表"分页下，选中【输出为页】，如图 37-8 所示。

在右侧"表格"栏中，可以为将来输出的报表样式进行默认配置。配置完毕后，单击【确定】即可。

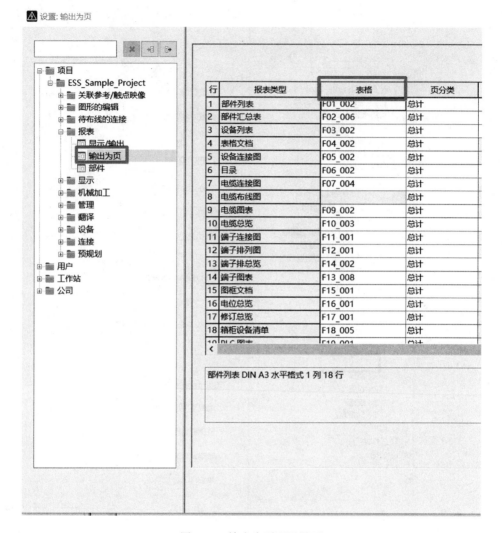

图 37-8　输出为页配置界面

37.4　思考题

? 如果输出为页中的默认报表样式为空，会有什么影响？

第38单元
项 目 检 查

本单元练习的目的：

■ 通过项目检查功能，对设计结果进行检查
■ 通过检查结果查找报错信息

对应 Docucenter 的编号：

■ 🖹 Documentation center >> BASIC_038. 1

38. 1 术语解释

项目检查

项目检查是用于对项目设计内容的程序逻辑进行确认检查的过程。

在项目检查时生成的消息将被保存在消息数据库中，并在消息管理 < 项目名称 > 对话框中显示。每个消息都会得到简短的描述文本。通过帮助能调入关于起因或解决办法的更明确描述。

能自行设置检查标准，并且保存在配置中。也可导出配置，以用于其他项目。

检查设备数据，例如定义中的不完整性（端子、插头、电缆、设备、PLC等），多重（无关联参考的）或不再存在的设备。除此以外，能进行功能指定的错误检查，例如短路、环形连接、不完整的关联参考或中断点、不正确的电位

定义等。此外，可以检查保存在部件数据库中的部件主数据。

38.2   命令菜单

- 运行检查：
  ➤【项目数据】>【消息】>【执行项目检查】
- 查看检查结果：
  ➤【项目数据】>【消息】>【管理】

38.3   操作步骤

38.3.1   运行检查

通过菜单：【项目数据】>【消息】>【执行项目检查】执行项目检查，如图 38-1 所示。

图 38-1   执行项目检查

38.3.2   配置检查要素

单击设置选项框左侧的"…"进行检查要素和检查规则的配制，如图 38-2 和图 38-3 所示。

图 38-2　配置检查要素

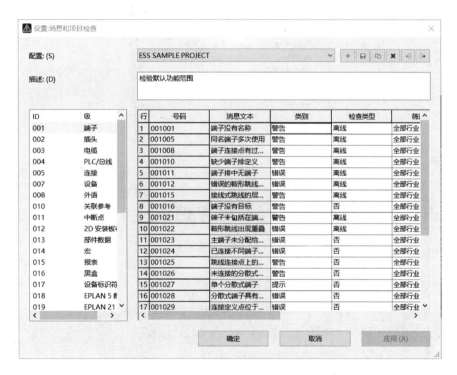

图 38-3　配置检查规则

38.3.3　执行项目检查

当检查规则设置完毕后,单击图 38-3 所示配置检查规则的【确定】,回到图 38-2 所示配置检查要素,单击【确定】执行项目检查,如图 38-4 所示,等待进度条执行完毕后,自动关闭项目检查窗口。

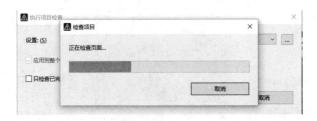

图 38-4　执行项目检查

38.3.4　查看检查结果

通过菜单：【项目数据】>【消息】>【管理】调出检查结果，如图 38-5 所示。

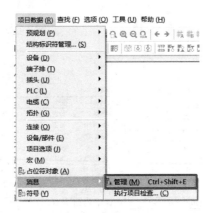

图 38-5　调出检查结果

查看检查项及检查结果，如图 38-6 所示。

图 38-6　查看检查结果

38.4　思考题

? 如何检查同名端子多次使用的情况？

第39单元
报　　表

本单元练习的目的：

- 创建报表模板
- 生成并查看报表
- 更新报表

对应 Docucenter 的编号：

- Documentation center >> BASIC_039.1

39.1　术语解释

报表

报表是对项目数据的询问。可有目标地输出项目数据，可自动生成项目数据并直接输出到报表页或外部文件，例如组件的标签。同样，可以手动将报表作为一个嵌入式报表直接放置到一个现存项目页上，例如为箱柜设备清单。报表按照报表类型来划分。

39.2　命令菜单

- 运行及生成报表：

➤【工具】>【报表】>【生成】

➤【运行工具】>【报表】>【生成项目报表】

39.3　操作步骤

39.3.1　运行报表生成

通过菜单:【工具】>【报表】>【生成】调出报表生成对话框, 如图 39-1 所示。

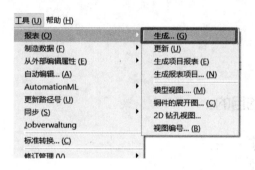

图 39-1　调出报表生成对话框

39.3.2　报表模板

在报表对话框中选择"模板"选项卡, 如图 39-2 所示。

图 39-2　报表模板

39.3.3　创建报表

单击 ﹡ 新建报表，如图 39-3 所示。

图 39-3　新建报表

选择端子图表，生成端子图表，如图 39-4 所示。

图 39-4　选择端子图表

选择报表样式，单击"表格"右侧的下拉选项条，选择"查找"确定报表样式，如图 39-5 所示。

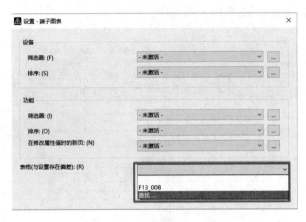

图 39-5   确定报表样式

选好报表样式后，单击图 39-5 确定报表样式的【确定】确认输出位置，如图 39-6 所示，设置报表输出位置，然后单击【确定】，回到报表生成页面。

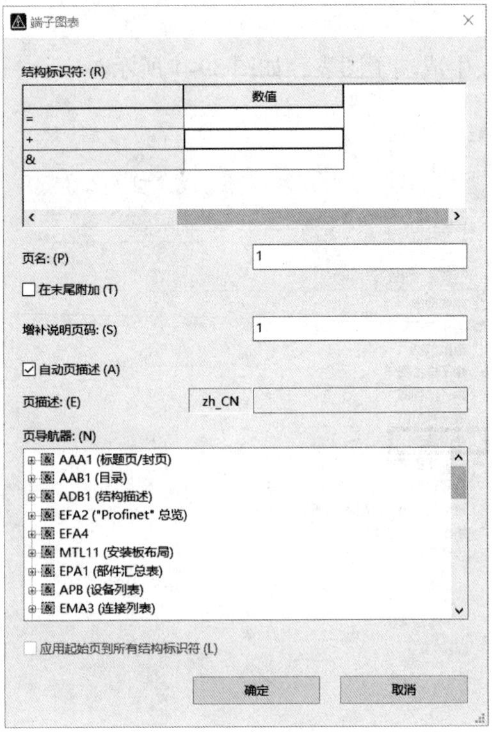

图 39-6   确认输出位置

关闭报表页面，再次单击【工具】>【报表】>【生成项目报表】生成项目报表，如图 39-7 所示。

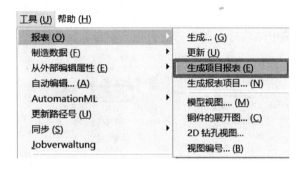

图 39-7　生成项目报表

39.3.4　查看报表

通过菜单：【工具】>【报表】>【生成】，选择"报表"选项卡，找到相关报表，如"端子图表"，单击右键，选择【打开页】查看报表，如图 39-8 所示，需要查看的报表将出现在主界面当中。

图 39-8　查看报表

39.3.5 报表更新

通过菜单：【工具】>【报表】>【更新】更新报表，如图 39-9 所示。此时，在页导航器中所选中结构标识符下的所有报表将被自动更新。

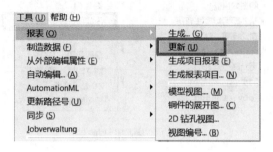

图 39-9 更新报表

39.4 思考题

? 除本节所述查看报表方法外，还有其他方式可以查看报表吗？（提示：页导航器）

第40单元
标　　签

📖 本单元练习的目的:

■ 根据输出要求创建标签

■ 导出设备列表

📋 对应 **Docucenter** 的编号:

■ 📄 Documentation center >> BASIC_040. 1

40.1　术语解释

标签

为了在生产设备现场直观地识别设备和连接,有必要给设备和连接导出制造数据和贴上标签。例如,可在设备上贴上标签和标牌。标签和标牌上输出的信息直接从 EPLAN 获得:

1)组件和连接的所有标识性和描述性信息都可用于制造数据导出/标签。

2)可以用用户自定义的配置保存制造数据导出/标签输出设置,以便于再次使用。

3)供货范围内包括可以根据用户需求进行调整的预定义配置。

4)可选择输出语言。

输出形式可以是 *.txt 和 Excel 文件。在每个配置中指定一个 Excel 模板，这样在输出后就能立即打开 Excel，新文件就能马上加载到 Excel。这样就可以在 Excel 表格中准备适合某一特定输出的表格。

40.2   命令菜单

- 运行标签导出：
  - ➤【工具】>【制造数据】>【导出/标签】

40.3   操作步骤

40.3.1   创建标签

通过菜单：【工具】>【制造数据】>【导出/标签】打开标签选项，如图 40-1 所示。

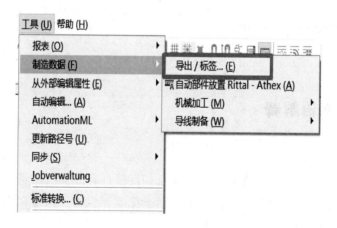

图 40-1   打开标签选项

进入如图 40-2 所示界面，单击设置右侧的 ... 进入配置标签选项。

在图 40-3 所示界面配置标签，分别在"文件""表头""标签""页脚""设置"选项卡中对需要导出的标签进行配置，全部配置完毕后单击【确定】，回到图 40-2 所示界面。

图 40-2　配置标签规则

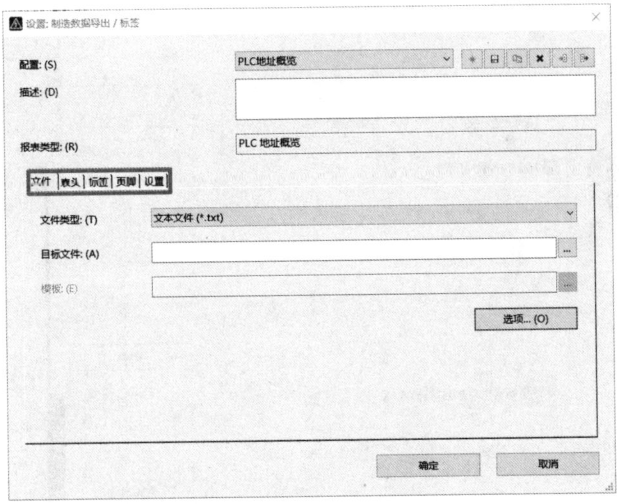

图 40-3　配置标签

40.3.2　导出设备列表

在图 40-2 所示配置标签规则中，展开"设置"旁的下拉菜单，选择"设备列表"，设备列表标签如图 40-4 所示，并选择"输出方式"为"导出并启动应用程序"，单击【确定】。

图 40-4   设备列表标签

如图 40-5 所示标签导出进度，进度条进行完毕后，系统会自动打开所执行的标签。

图 40-5   标签导出进度

40.4   思考题

? 标签可以定义导出的页眉页脚吗？如果可以，将如何操作？

第41单元
导出图片/PDF

📚 **本单元练习的目的：**

将项目图纸以图片/PDF 的方式进行导出

📄 **对应 Docucenter 的编号：**

■ 📄 Documentation center >> BASIC_041.1

41.1　术语解释

导出图片/**PDF**

将原理图及报表以图片 JPG/BMP/PNG 等格式以及 PDF 格式导出，供审图、交付等工作使用。

41.2　命令菜单

- 运行导出：
  - ➤ 【页】>【导出】>【PDF】
  - ➤ 【页】>【导出】>【图片文件】

41.3　操作步骤

41.3.1　导出 PDF

需要导出 PDF 文件时，先在页导航器中选中需要导出的图纸，然后单击

【页】>【导出】>【PDF】，如图 41-1 导出 PDF 操作

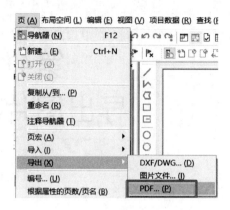

图 41-1   导出 PDF 操作

此时，将生成的文件名、输出目录、输出颜色信息根据对话框的提示，进行输入和配置，确认 PDF 输出方式如图 41-2 所示，输入并确认完毕后，单击【确定】按钮进行生成。根据设置的输出目录路径，查看导出的文件即可。

图 41-2   确认 PDF 输出方式

41.3.2 导出图片

需要导出图片文件时，先在页导航器中选中需要导出的图纸，然后单击【页】>【导出】>【图片文件】导出图片文件，如图41-3所示。

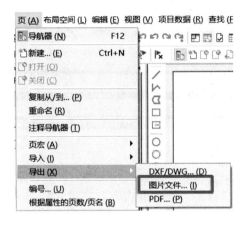

图41-3 导出图片文件

在图41-4所示窗口中配置导出的文件信息，单击"配置"右侧的 ... 导出图片配置。

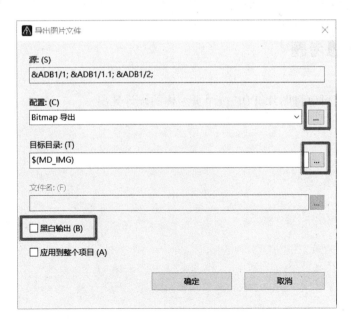

图41-4 导出图片配置

　　配置图片输出信息如图 41-5 所示，根据"文件类型"选择需要输出的图片格式；在"目标目录"栏中选择需要输出的文件夹路径。

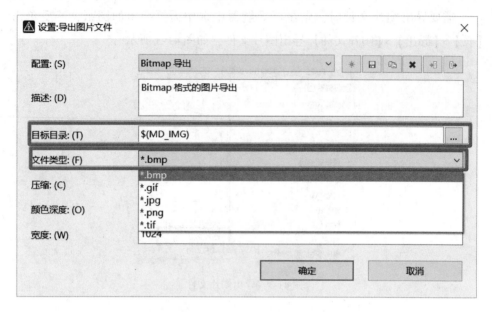

图 41-5　配置图片输出信息

　　配置完毕后，单击【确定】，回到上一级窗口，再单击【确定】，完成导出。

41.4　思考题

　　? 如何可以将图片/PDF 按照页结构的设计导出？

第42单元
数 据 备 份

📚 **本单元练习的目的：**

■ 通过页导航器对项目数据进行备份

📋 **对应 Docucenter 的编号：**

■ 📄 Documentation center > > BASIC_042. 1

42.1 术语解释

项目备份

项目备份是为方便项目的存档而进行的数据备份操作。

42.2 命令菜单

- 运行备份：
  ➤【项目】>【备份】>【项目】

42.3 操作步骤

当项目设计完毕后需要备份时，请单击【项目】>【备份】>【项目】完成项目备份，如图 42-1 所示。

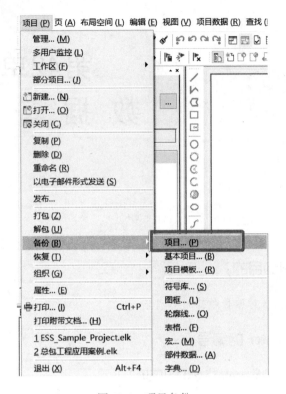

图 42-1 项目备份

配置存档信息如图 42-2 所示，在"方法"一栏中，可对应做以下选择，以方便将来的存档管理及使用。

（1）"另存为"

备份时，项目复件被保存在另外的存储介质中。也可标记多个项目，此后按顺序备份。通过项目管理对项目进行多项选择，可在树中进行多项选择。

（2）"归档锁定"

如果项目暂时交分包商、最终客户或其他公司编辑，那么可以归档锁定。

这时，在另外一个存储介质中备份项目，并且为源项目设置写保护。这样在项目返回时，避免了丢失在此期间对项目所做修改的内容。归档项目的全部数据都保留在原始硬盘中。

如果使用者试图编辑已归档锁定的项目，就会出现一个提示，说明项目已被加锁，无法编辑。

图 42-2　配置存档信息

（3）"归档"

结束的项目可以归档，以便腾出空间，更好地总览存储介质。这时，在另一个存储介质中备份项目，并从硬盘中删除源项目，仅保留信息文件。

在"备份文件名"中，输入将要保存的文件名称。

在"备份目录"中，选择将要保存的文件夹路径。

全部设置完毕后，单击【确定】，进行项目备份。

待进度条执行完毕，并且回到初始工作界面后，可以通过打开文件夹的方式，查找到已打包存储的项目文件。

42.4　思考题

❓除了项目可以备份以外，还有哪些项目数据可以备份？如何操作？

第43单元
总结性练习

📚 **本单元练习的目的：**

■ 练习

📄 **对应 Docucenter 的编号：**

■ 📄 Documentation center >> Final_Exercise

 提示：

本单元是练习题，大家可以对照 Docucenter 内容进行练习。

第44单元
设 计 练 习

本单元练习的目的：

■ 练习如何插入设备
■ 练习如何插入电缆定义及屏蔽层
■ 练习如何插入结构盒

对应 **Docucenter** 的编号：

■ 📄 Documentation center >> BASIS_044.1

> 💡 提示：
>
> 本单元是练习题，大家可以对照 Docucenter 内容进行练习。

44.1 命令菜单

- 插入设备：
  ➤【插入】>【设备】
- 插入电缆定义：
  ➤【插入】>【电缆定义】

- 插入屏蔽层：
  - ➤【插入】>【屏蔽】
- 插入结构盒：
  - ➤【插入】>【盒子/连接点/安装板】>【结构盒】

44.2　注意事项

（1）中断点

中断点需与电流来源或目标的中断点成对关联，通过关联参考的显示和跳转功能验证成对关联的正确性。

（2）设备、端子、电缆及芯线的命名

需注意设备、端子、电缆及芯线的命名，避免重复命名。

（3）路径功能文本

需注意路径功能文本的插入点与上方第一个端子的插入点对齐。

第45单元
创 建 宏

使用宏进行工作有如下优势：

■ 希望一再用到原理图中的某些部分，虽然图形相同，但数据和部件要做修改；

■ 希望以某一名称来保存原理图部分，以便日后使用；

■ 希望把数据集存放到宏中，以免插入后再对宏做长时间的改写。为此就要对宏里的所有可能数据进行占位符对象定义；

■ 可创建宏项目并定义宏边框，从宏项目自动生成宏。

本单元练习的目的：

■ 自动从宏项目中生成宏

对应 Docucenter 的编号：

■ Documentation center >> BASIS_045.1

45.1 术语解释

1. 宏

在 EPLAN 中，可将项目页上某些标出的元素或区域保存为窗口宏或符号宏。此外，还可将在页导航器中标记的或在图形编辑器中打开的一页或多页保存为页宏。进行这些操作时，保存在各自宏中的图片文件也会被一并保存。

2. 宏项目

管理宏并自动创建宏的项目。

3. 宏边框

借助宏边框在宏项目中确定待生成的窗口宏和/或符号宏的轮廓和数据。以后可从已准备好的宏中自动生成宏。

45.2　命令菜单

- 设置项目类型：
  - ➤【项目】>【属性】
- 自动从宏项目中生成宏：
  - ➤【项目数据】>【宏】>【自动生成】

45.3　操作步骤

（1）打开宏项目 "ESS_Sample_Macros"

（2）新建页

新建页，页名："#2000/1"，如图 45-1 所示。

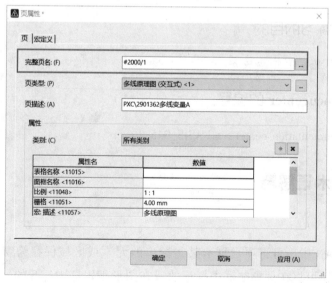

图 45-1　新建页

（3）插入宏

单击【插入】>【窗口宏/符号宏】，将宏"PXC \ 2901362. ema"插入到新创建的页，并激活菜单：【视图】>【隐藏元素】，如图45-2所示。

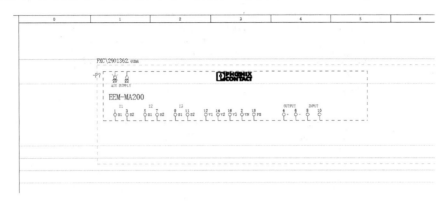

图45-2 插入宏

（4）重复操作插入所有的表达类型和变量

（5）复制粘贴页

复制多线表达类型变量 A 所在页，以新的页名粘贴并更改页描述，如图45-3和图45-4所示。

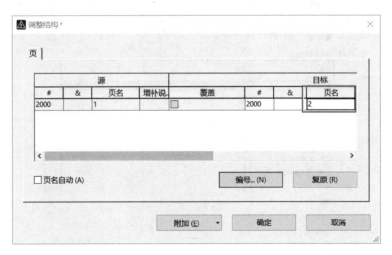

图45-3 粘贴页

（6）更改宏变量

双击宏边框，在宏边框的属性窗口，选择未使用的变量，如图45-5所示。

图 45-4　更改页描述

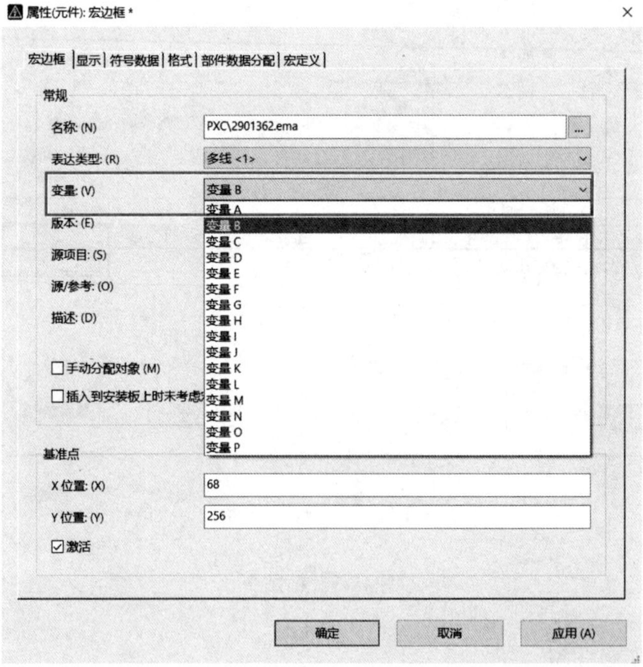

图 45-5　选择未使用的变量

（7）根据需要，重画该设备

（8）自动从宏项目中创建所有的宏

先在页导航器中选中宏项目，再单击【项目数据】>【宏】>【自动生成】，自动从宏项目中创建所有的宏。

（9）测试创建的宏及变量

45.4 思考题

? 如何将所创建的宏与部件库中的部件关联？

第46单元
放置PLC连接点

📚 **本单元练习的目的:**

■ 从 PLC 导航器中拖放已有的 PLC 连接点至原理图
■ 从 PLC 导航器中拖放总览宏至总览图

📄 **对应 Docucenter 的编号:**

■ 📄 Documentation center >> BASIS_046. 1

46.1 术语解释

PLC 连接点

连接点属于 PLC 卡或卡上的通道。连接点始终有连接点代号,并经常还有连接点描述。通过其 PLC 盒子的设备标识符、插头名称以及连接点代号明确标识一个 PLC 连接点。

46.2 命令菜单

• 插入设备:
  ➤【插入】>【设备】
• 打开 PLC 导航器:

　　➤【项目数据】>【PLC】>【导航器】

- 放置总览宏：

　　➤【PLC 导航器】>【放置】

46.3　操作步骤

（1）打开 PLC 导航器的图纸

（2）打开 PLC 导航器

单击【项目数据】>【PLC】>【导航器】，打开 PLC 导航器。

（3）拖放数字输入点

选择 PLC 盒子 = KF1 + A2 – KF3 下连接点代号为 3.1 的数字输入点至端子 + A2 – XD4：58 的下方，如图 46-1 所示。

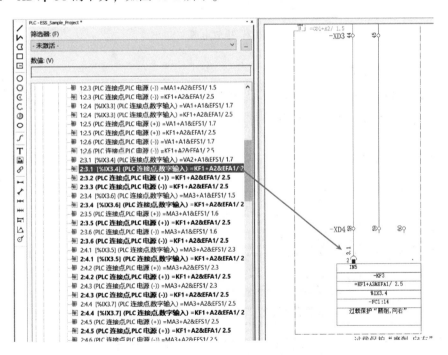

图 46-1　拖放数字输入点

（4）拖放电源 + 点

选择 PLC 盒子 = KF1 + A2 – KF3 下连接点代号为 3.2 的电源 + 点至端子 + A2 – XD4：59 的下方，如图 46-2 所示。

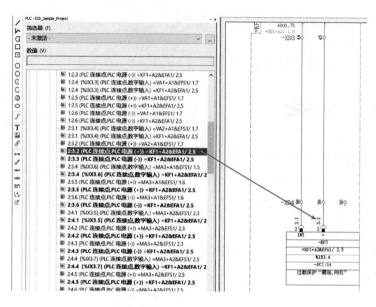

图 46-2　拖放电源 + 点

（5）拖放电源 – 点

选择 PLC 盒子 = KF1 + A2 – KF3 下连接点代号为 3.3 的电源 – 点至端子 +
A2 – XD4：60 的下方，如图 46-3 所示。

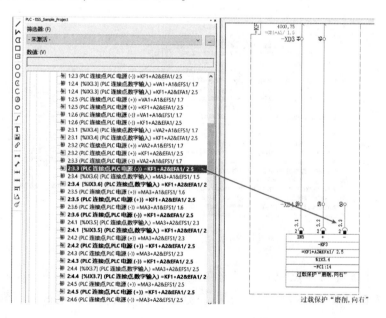

图 46-3　拖放电源 – 点

（6）完成其余 PLC 点的拖放

如 Documentation center >> BASIS_046.1 所示，完成其余 PLC 点的拖放。

46. 4 思考题

？新建一页，插入该 PLC 卡的总览宏，看看多线图中的 PLC 点是否与总览图中的 PLC 点相互关联。

第47单元
关联参考的类型

通常有必要多次显示同一个设备。该设备相关元件的配件均由程序进行识别，以便使所有这些元件均拥有相同设备标识符，且由其相应的功能定义标识。关联参考表明在何处能找到原理图中设备的其他部件。

这样在编辑原理图的同时，自动（在线）将 EPLAN 设备、触点及中断点关联参考插入到项目数据中。对于成对关联参考，只有当某一个设备所涉及的元件已通过特定设置进行了关联参考时，这种自动插入才有效。

关联参考显示由下列因素决定：

■ 图框的结构和设计；

■ 关联参考的设置：该设置在总的项目设置中或在相应的设备处进行。

本单元练习的目的：

■ 学会各种关联参考的显示与设置

对应 Docucenter 的编号：

■ 📄 Documentation center >> BASIS_047. 1

47.1 术语解释

关联参考

对选定的页的图框按行单元和列单元进行的划分是构成项目中各元件间关

联参考的基础。这时每一行对应图框的一个水平单元，每一列对应一个垂直单元。单元的编号顺序既可按字母顺序也可按数字顺序。另外，也可对按水平或垂直划分的单元进行不同方式（数字顺序/字母顺序）的编号。

　　关联参考本身就可在大量页中准确查找某一特定元件或信息，因此它至少要包含所查找的页名。另外，它还可包含用于页内定位的列说明，和用于其他定位的行说明。

47.2　命令菜单

　　● 关联参考设置：
　　➤【选项】>【设置】>【项目】>【当前项目】>【关联参考/触点映像】

47.3　操作步骤

（1）触点映像：新建一页多线原理图

（2）触点映像：插入电机保护开关及常开、常闭触点

单击【插入】>【符号】，插入电机保护开关 F1。

单击【插入】>【符号】，在电机保护开关 F1 的右下方，插入常开、常闭触点，并将它们与电机保护开关 F1 关联。

在电机保护开关 F1 的右边会自动生成与之关联的所有触点的映像和关联参考；在触点上也会自动生成电机保护开关 F1 的关联参考，如图 47-1 所示。

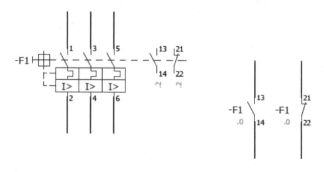

图 47-1　在元件上的触点映像

（3）触点映像：插入线圈及三个常开主触点

单击【插入】>【符号】，插入线圈 Q1。

单击【插入】>【符号】，在线圈 Q1 的右上方，插入三个常开主触点，并将它们与线圈 Q1 关联。

在线圈 Q1 的下方会自动生成与之关联的所有触点的映像和关联参考；在触点上也会自动生成线圈 Q1 的关联参考，如图 47-2 所示。

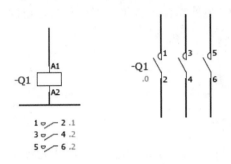

图 47-2   在路径的触点映像

（4）触点映像：在元件上的触点映像与在路径的触点映像的切换

在电机保护开关 F1 或在线圈 Q1 的属性窗口，选择"显示"选项卡，在"触点映像"栏通过下拉菜单可以切换触点映像的显示方式，如图 47-3 所示。

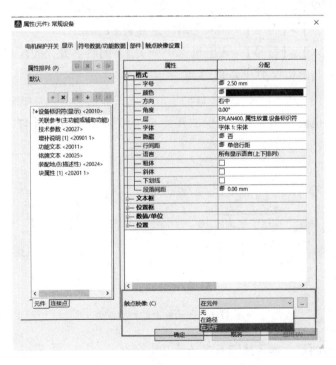

图 47-3   切换触点映像的显示方式

（5）成对关联参考：插入按钮和信号灯

单击【插入】>【符号】，插入按钮 S5。

单击【插入】>【符号】，在按钮 S5 的右边，插入信号灯的符号；在按钮 S5 的右下方，再次插入信号灯的符号。将这两个信号灯的符号与按钮 S5 关联，并隐藏第一个信号灯符号设备标识符的显示。

（6）成对关联参考：更改第一个信号灯符号的表达类型

在第一个信号灯符号的属性窗口，选择"符号数据/功能数据"选项卡，在"表达类型"栏，下拉菜单选择"成对关联参考"，如图 47-4 所示。

图 47-4　更改表达类型为成对关联参考

单击【确认】后，该信号灯符号会由蓝色变成黄色，并且在两个信号灯符号上会自动生成彼此的关联参考，如图 47-5 所示。

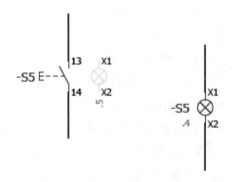

图 47-5　成对关联参考

（7）主/辅功能关联参考：插入按钮和触点

单击【插入】>【符号】，插入按钮 S1，该符号为 S1 的主功能。

单击【插入】>【符号】，在按钮 S1 的右下方，插入两个常开触点。将这两个常开触点与按钮 S1 关联，这两个常开触点为 S1 的辅功能。

在按钮符号上会自动生成与之关联的两个常开触点的关联参考；在两个常开触点上，会自动生成主功能按钮的关联参考，如图 47-6 所示。

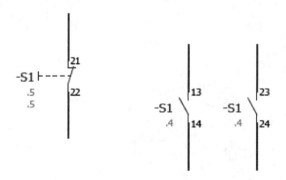

图 47-6　主/辅功能关联参考

（8）多线图与单线图的关联参考：设置关联参考的类型

单击【选项】>【设置】>【项目】>【当前项目】>【关联参考/触点映像】>【显示】，在该窗口可以设置每种页类型显示哪些类型的关联参考。在"多线"列下拉菜单选择"单线"和"多线"，在"单线"列下拉菜单选择"多线"，如图 47-7 所示。

（9）多线图与单线图的关联参考：在多线图中插入电机

在多线原理图页，单击【插入】>【符号】，插入电机 M1 的多线符号。

图 47-7　设置设备关联参考的类型

（10）多线图与单线图的关联参考：新建一页单线原理图

（11）多线图与单线图的关联参考：在单线图中插入电动机

在单线原理图页，单击【插入】>【符号】，插入电动机 M1 的单线符号。

在电动机 M1 的多线符号和单线符号上会自动生成彼此的关联参考，如图 47-8 所示。

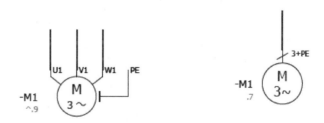

图 47-8　多线图与单线图的关联参考

（12）多线图与总览图的关联参考：在多线图中插入 PLC 点

在多线原理图页，单击【插入】>【符号】，插入 PLC 数字输入连接点的符号：

设备标识符：−K2；连接点代号：1；地址：I0.00；符号地址：Spare。

（13）多线图与总览图的关联参考：新建一页总览图

（14）多线图与总览图的关联参考：在总览图中插入 PLC 盒子

在总览页，单击【插入】>【盒子/连接点/安装板】>【PLC 盒子】，将 PLC 盒子放置在页面。

设备标识符：－K2。

（15）多线图与总览图的关联参考：在总览图中插入 PLC 点

单击【项目数据】>【PLC】>【导航器】，打开 PLC 导航器，将设备标识符为－K2、连接点代号为 1 的 PLC 数字输入连接点拖放到 PLC 盒子中。

在该 PLC 数字输入连接点的多线符号和总览符号上会自动生成彼此的关联参考，如图 47-9 所示。

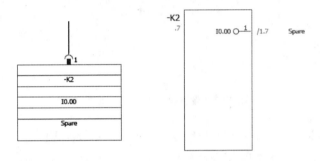

图 47-9　多线图与总览图的关联参考

47.4　思考题

? 如何调整触点映像的位置?

第48单元
编辑连接点逻辑

📖 **本单元练习的目的：**

■ 学会各种连接点类型设置

📓 **对应 Docucenter 的编号：**

■ 📄 Documentation center >> BASIS_048.1

48.1 术语解释

1. 未定义

连接点可与其他任意连接点相连接。

2. 芯线/导线

电缆中的一根芯线或单独的导线。

3. 鞍形跳线

连接作为鞍形跳线实现端子与鞍形跳线连接点的连接。

4. 直接连接点

组件之间的直接连接，如熔断器插到导轨或公插针和插座的连接。

5. 流体

流体连接，如气管或液压管路。

48.2 命令菜单

- 设置连接点逻辑：
  - ➢【属性（元件）：常规设备】>【逻辑】

48.3 操作步骤

（1）新建项目

（2）按照 Documentation center 绘图

按照 📖 Documentation center >> BASIS_048.1 左上部分绘图。

（3）执行项目检查

单击【项目数据】>【消息】>【执行项目检查】；单击【项目数据】>【消息】>【管理】。

在消息管理窗口，会出现以下错误：

1）目标的连接点类型不同。

2）连接和连接点的连接点类型不同。

出现以上两条报错的原因是 – QB0 三极开关符号的 2、4、6 连接点的类型是芯线/导线，而 – WC 母线连接点以及-QA1 三极熔断器符号的 1、3、5 连接点的类型是直接连接点。

（4）更改连接点类型

选中 – QB0，单击右键【属性】，在"符号数据/功能数据"选项卡中，单击【逻辑】，如图 48-1 所示。

将连接点 2、4、6 的类型更改为"直接连接点"，然后单击【确定】，如图 48-2 所示。

（5）再次执行项目检查

单击【项目数据】>【消息】>【执行项目检查】，之前的两条报错消息不再显示。

（6）按照 Documentation center 绘图

按照 📖 Documentation center >> BASIS_048.1 左中部分绘图。

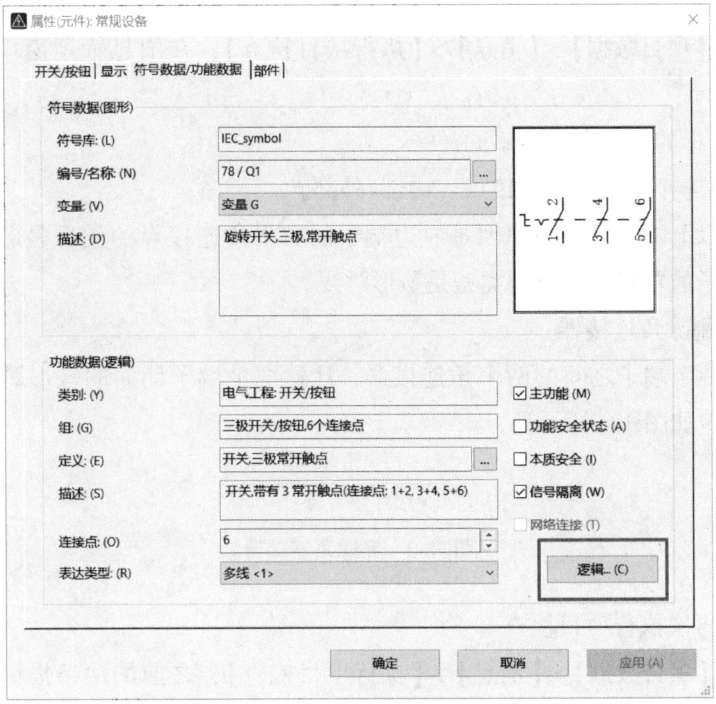

图 48-1 打开连接点逻辑窗口

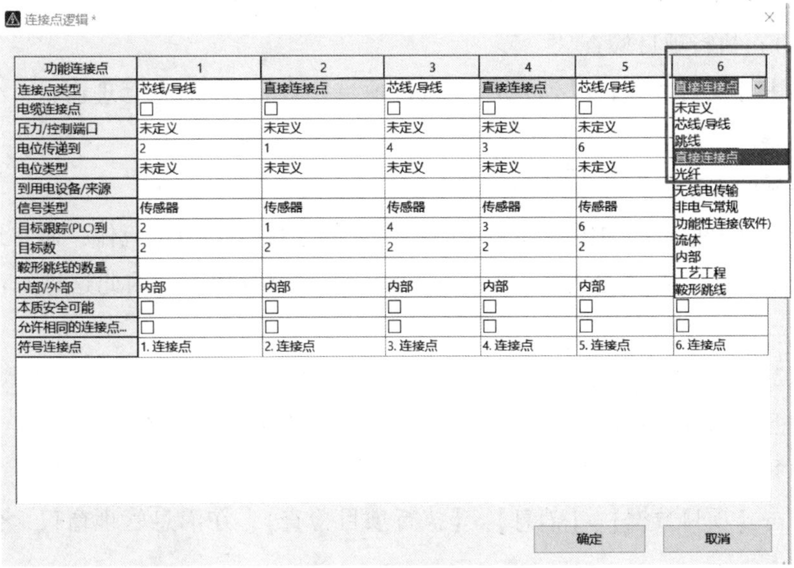

图 48-2 更改连接点类型

（7）执行项目检查

单击【项目数据】>【消息】>【执行项目检查】，在消息管理窗口，会出现以下错误：

1）目标的连接点类型不同。

2）已连接不同端子连接点（内部/外部）。

出现以上两条报错的原因是左边端子的右下角连接点的类型是芯线/导线，而右边端子的左侧连接点的类型是鞍形跳线。

（8）删除角连接器

删除两个端子之间的两个角连接器，让这两个端子侧面的鞍形跳线连接点直接相连，如图 48-3 所示。

图 48-3　删除角连接器

（9）再次执行项目检查

单击【项目数据】>【消息】>【执行项目检查】，之前的两条报错消息不再显示。

（10）按照 Documentation center 绘图

按照 Documentation center >> BASIS_048. 1 左下部分绘图。

（11）执行项目检查

单击【项目数据】>【消息】>【执行项目检查】，在消息管理窗口，会出现以下错误：

目标的连接点类型不同。

出现以上报错的原因是左边中断点所连的连接点类型是流体，而右边中断点所连的连接点类型是芯线/导线。气管无法和导线相连，因此这种画法是错误的。

（12）按照 Documentation center 绘图

按照 Documentation center >> BASIS_048. 1 右上部分绘图。

（13）执行项目检查

单击【项目数据】>【消息】>【执行项目检查】，在消息管理窗口，会出现以下错误：

端子连接点有过多目标：3！。最大目标数为：2。

出现以上报错的原因是端子上端连了三根导线，而该端子连接点最多允许所接导线的数量是两根。

（14）更改 T 节点的方向

如果从 – X1 端子的上端只引出两根导线，一根连接 – S1 按钮，另一根连接 – S2 按钮；再从 – S2 按钮下端引出一根导线连接 – S3 按钮，则每个符号的连接点的目标数最多为 2。

双击 – S2 按钮下方的 T 节点，在弹出的窗口选择第二个变量，如图 48-4 所示。

单击【确定】后，如图 48-5 所示。

图 48-4　更改 T 节点的方向

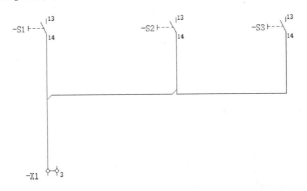

图 48-5　更改 T 节点方向后的原理图

（15）再次执行项目检查

单击【项目数据】>【消息】>【执行项目检查】，之前的报错消息不再显示。

48.4　思考题

？ 在操作步骤（14）中，双击 – S2 按钮下方的 T 节点，在弹出的窗口选择第三个变量，再次执行项目检查，之前的报错消息是否会消失？选择第三个变量的接线方式与选择第二个变量有何不同？

第49单元
PLC连接点编址

本单元练习的目的：

■ 学会 PLC 连接点的离线编址

对应 Docucenter 的编号：

■ Documentation center >> BASIS_049. 1

49.1 术语解释

1. 手动编址

在 PLC 连接点属性窗口的地址栏给每个连接点单独分配 PLC 地址。

2. 离线编址

能给多个已编址的 PLC 连接点在工作进程中分配新的地址。为此请选择【项目数据】>【PLC】>【编址菜单项】。

3. 自动编址

PLC 连接点在插入原理图页或总览页中时会自动分配地址。

49.2 命令菜单

• 离线编址：

➤【项目数据】>【PLC】>【编址】

49.3　操作步骤

（1）在练习项目中打开 PLC 导航器

单击【项目数据】>【PLC】>【导航器】，打开 PLC 导航器。

（2）选中需要离线编址的 PLC 卡

在 PLC 导航器中，选中 = KF1 + A2 − KF2，如图 49-1 所示。

（3）打开离线编址窗口

单击【项目数据】>【PLC】>【编址】。

（4）输入起始地址和选择排序

在输入端和输出端，输入起始地址 100.0；在排序栏选择"根据卡的设备标识符和放置（图形）"，如图 49-2 所示。单击【确定】按钮，完成离线编址。

图 49-1　选中 = KF1 + A2 − KF2

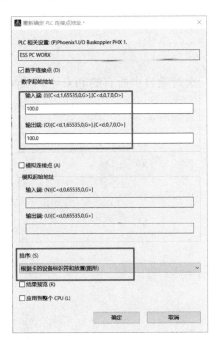

图 49-2　输入起始地址和选择排序

（5）查看新的地址

打开页 = KF1 + A2&EFA1/1，在地址栏可以看到新的地址，如图 49-3 所示。

图 49-3　查看新的地址

49.4　思考题

如何操作才能一次对项目中所有的 PLC 卡离线编址？

第50单元
导出PLC分配列表

📖 **本单元练习的目的:**

■ 学会导出 PLC 分配列表

📑 **对应 Docucenter 的编号:**

■ 📄 Documentation center >> BASIS_050. 1

50.1　命令菜单

- 离线编址:
  - ➤【项目数据】>【PLC】>【地址/分配列表】

50.2　操作步骤

（1）打开地址/分配列表窗口

单击【项目数据】>【PLC】>【地址/分配列表】，打开地址/分配列表窗口。

（2）打开配置显示窗口

单击右键，选择配置显示。

（3）添加属性"PLC 站号（间接的)"

单击【新建】按钮，在属性选择窗口，选择属性"PLC 站号（间接的)"，单击【确定】，并将该属性置顶，如图50-1所示。

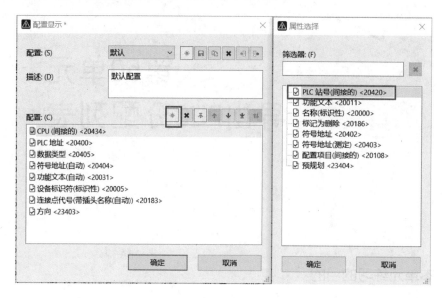

图50-1　添加属性PLC站号（间接的）

（4）添加筛选器

在筛选器设置窗口，单击【新建】按钮，在规范选择窗口，选择属性 "PLC 站号（间接的）"，单击【确定】，如图50-2所示。

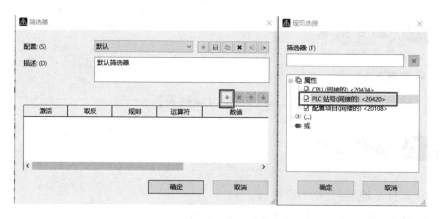

图50-2　筛选器规范选择

（5）填入筛选值

在筛选器设置窗口，在数值栏填入 "I/O Buskoppler PHX 1"，单击【确定】，如图50-3所示。

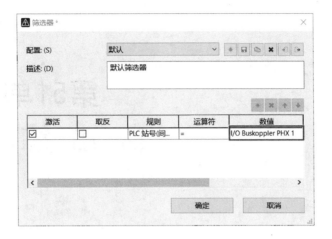

图 50-3 填入筛选值

（6）导出分配列表

单击【应用】，然后单击【附加】>【导出分配列表】，之后指定分配列表的存储路径和文件名，如图 50-4 所示。

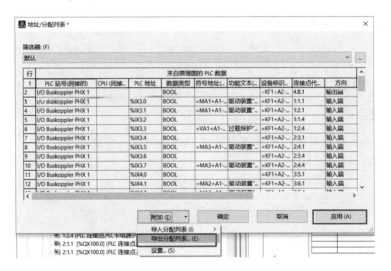

图 50-4 导出分配列表

50.3 思考题

? 修改导出的分配列表并将其导入项目，看看相应的 PLC 点是否发生了变化？

第51单元
自 由 练 习

本单元练习的目的：

■ 练习

对应 **Docucenter** 的编号：

■ 无

提示：

本单元是练习题，大家可以对照 Docucenter 内容进行练习。

第52单元
离线设备编号

🐾 **本单元练习的目的：**

■ 学会设备的离线编号

📄 **对应 Docucenter 的编号：**

■ 📄 Documentation center > > BASIS_052. 1

52.1 术语解释

1. 手动编号

在符号属性窗口的完整设备标识符栏给设备编号。

2. 离线编号

能给多个已编号的设备在工作进程中分配新的编号。为此请选择【项目数据】>【设备】>【编号菜单项】。

3. 自动编号

设备在插入原理图页时会自动分配编号。

52.2 命令菜单

• 离线编号：

➤【项目数据】>【设备】>【编号】

52.3　操作步骤

（1）在练习项目中打开编号（离线）窗口

在页导航器中，选中整个项目，单击【项目数据】>【设备】>【编号】，打开编号（离线）窗口。

（2）设置筛选器排除端子和电缆

在筛选器设置窗口，通过【新建】按钮添加如图 52-1 所示的筛选条件排除端子和电缆。

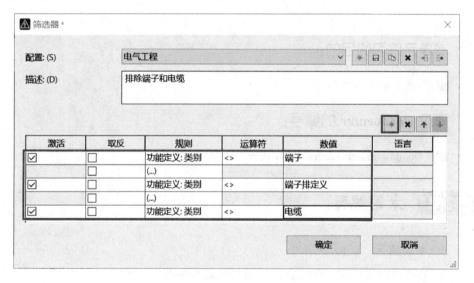

图 52-1　排除端子和电缆

（3）打开编号格式设置窗口

单击【设置】>【编号】，打开编号格式设置窗口，如图 52-2 所示。

（4）设置编号格式

单击【新建】配置按钮，在弹出的新配置命名窗口，输入"页/表示字母/列"，单击【确定】创建新的配置。从左边可用的格式元素栏分别将"页""标识字母"和"列"移动到右边所选的格式元素栏，单击【确定】按钮，如图 52-3 所示。

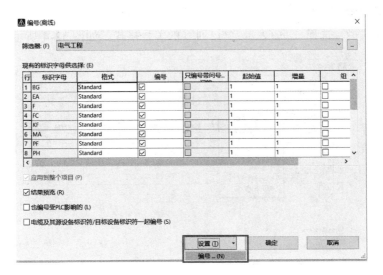

图 52-2　打开编号格式设置窗口

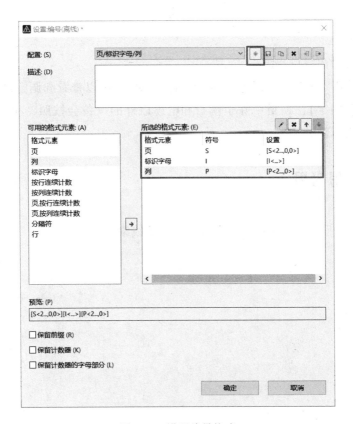

图 52-3　设置编号格式

（5）选择编号格式

在格式栏，选择"页/表示字母/列"的编号格式，如图 52-4 所示。

图 52-4   选择编号格式

（6）执行离线设备编号

单击【确定】执行离线设备编号，在预览窗口可以查看和调整设备的编号，再次单击【确定】，项目中除了端子和电缆以外的设备会按照"页/表示字母/列"的方式重新编号。

52.4   思考题

？ 如何只对某几页范围内的设备执行离线编号？

第53单元
创建和编辑端子

📚 **本单元练习的目的：**

■ 学会端子的排序和生成

📄 **对应 Docucenter 的编号：**

■ 📄 Documentation center >> BASIS_053. 1、BASIS_053. 2

53. 1　命令菜单

- 端子排序：
  - ➤【项目数据】>【端子排】>【编辑】>【排序】
- 创建未放置的端子：
  - ➤【项目数据】>【端子排】>【新建端子（设备）】

53. 2　操作步骤

（1）插入宏

插入宏"EXERCISE \ TERMINAL_SORT. ema"到页"＝VA2 ＋ A1&EFS1／1"，在弹出的插入模式窗口，选择"不更改"，如图53-1和图53-2所示。

图 53-1   选择"不更改"的插入模式

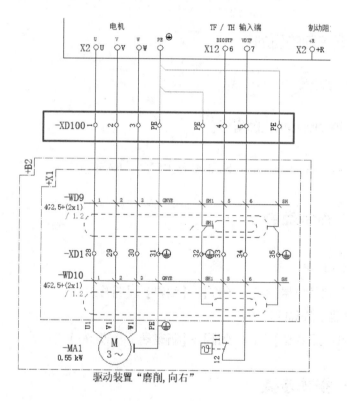

图 53-2   将宏插入到页

(2)查看端子排序

单击【项目数据】>【端子排】>【导航器】,打开端子排导航器,可以看到

+A1 – XD100 端子排的端子排序与其在原理图中的放置顺序不相符，如图 53-3 所示。

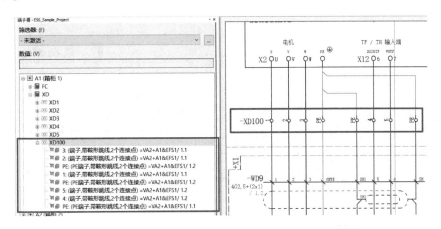

图 53-3　+A1 – XD100 端子排的端子排序

（3）基于页排序

在端子排导航器中选中端子排 +A1 – XD100，右键【编辑】，打开编辑端子排窗口，单击【排序】>【基于页】，如图 53-4 所示。

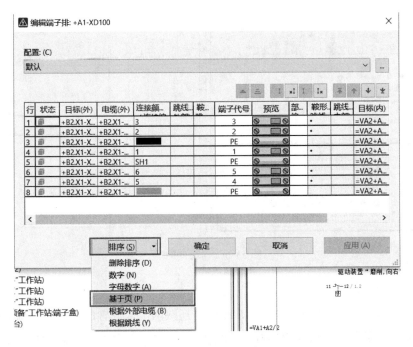

图 53-4　基于页排序

（4）确定页排序

基于页排序后，+ A1 – XD100 端子排的端子排序与其在原理图中的放置顺序相符，如图 53-5 所示。

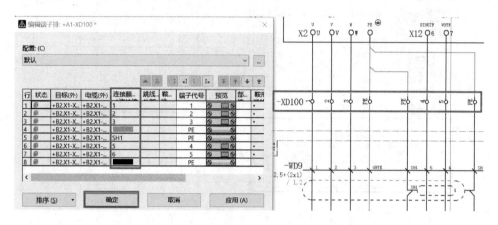

图 53-5　页排序预览

单击【确定】按钮确定页排序，在端子排导航器中可以看到 + A1 – XD100 端子排已经按照新的顺序排列，如图 53-6 所示。

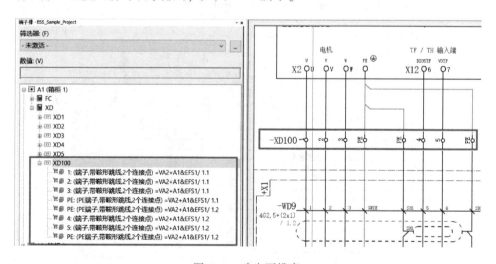

图 53-6　确定页排序

（5）添加端子

端子排 + A1 – XD100 包含 10 个端子，还缺两个未放置的端子。在端子排导航器中选中端子排 + A1 – XD100，右键【新功能】，打开生成功能窗口，在编号

式样栏输入 "6 – 7"，如图 53-7 所示。

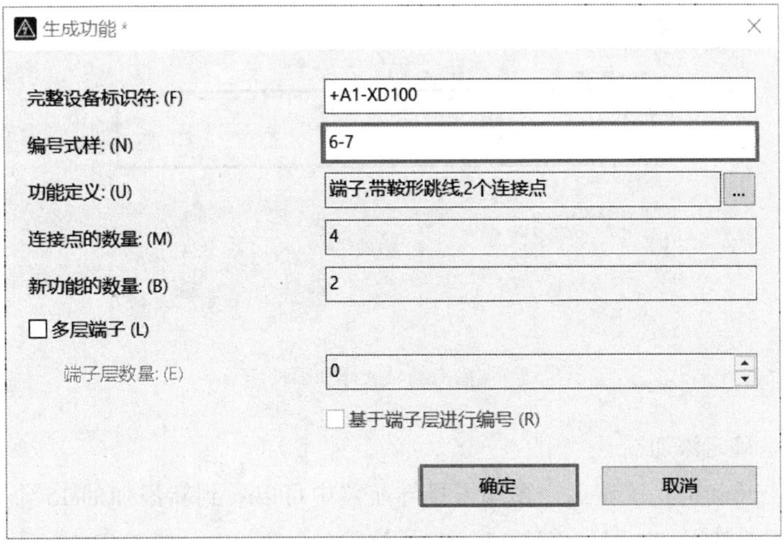

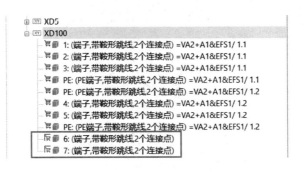

图 53-7   添加两个未放置的端子

（6）确定添加端子

单击【确定】按钮后，在端子排导航器中可以看到新添加的两个端子，通过拖拽操作，可以将这两个端子放置在原理图中，如图 53-8 所示。

图 53-8   确定添加端子

（7）添加多层端子

端子排 + A1 – XD4 包含 30 个多层端子，还缺 15 个未放置的多层端子，端子的部件编号是 "PXC. 3213950"。在端子排导航器中选中端子排 + A1 – XD4，右键【新建端子（设备）】，打开生成端子（设备）窗口。在编号式样栏输入 "16N，16L，16PE，17N – 30PE"，在部件编号栏单击右边的按钮打开部件库，选择"PXC. 3213950",如图 53-9 所示。

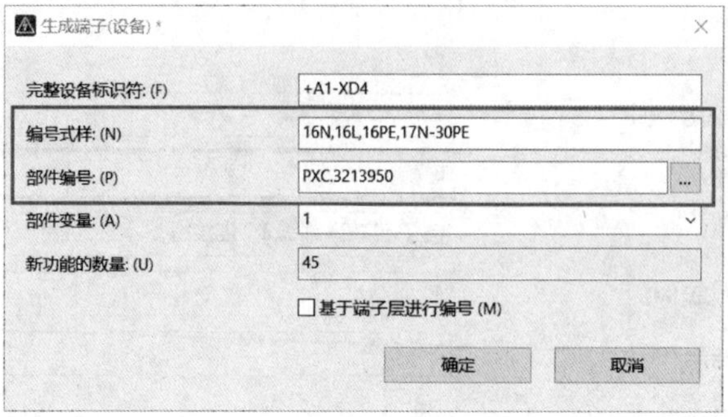

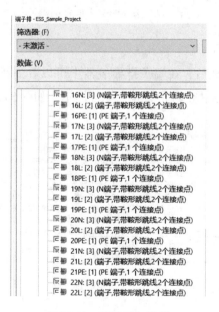

图 53-9   输入编号式样和部件编号

（8）确定添加端子

单击【确定】按钮后，在端子排导航器中可以看到新添加的 15 个多层端子，通过拖拽操作，可以将这 15 个端子放置在原理图中，如图 53-10 所示。

图 53-10   确定添加端子

53.3   思考题

? 如何生成这两个端子排的端子图表？

第54单元
连　　接

连接，在 EPLAN 中用来表达设备不同连接点之间的连接关系，可能是一根导线、一段跳线、一个公母插针之间的直接连接关系，或者甚至是一段管路（Fluid）。连接的定义是指导生产制造的基础。

本单元练习的目的：

- 使用连接导航器
- 认识连接属性
- 使用连接定义点

对应 Docucenter 的编号：

- Documentation center >> BASIC_054. 1

54.1　术语解释

连接

EPLAN 工作区域包括 EPLAN 主窗口的尺寸和位置以及"可固定"对话框、菜单栏和工具栏的位置、尺寸和设置。用户自定义的工具栏也可保存在工作区域。

54.2　命令菜单

- 打开连接导航器：

> 【项目数据】>【连接】>【导航器】
- 手动插入连接定义点：
  > 【插入】>【连接定义点】
- 自动插入连接定义点和连接编号：
  > 【项目数据】>【连接】>【编号】>【放置】
  > 【项目数据】>【连接】>【编号】>【命名】

54.3　操作步骤

（1）手动插入连接定义点

连接是通过"连接定义点"定义的，通过图 54-1 的操作，可以插入连接定义点。

图 54-1　手动插入连接定义点

连接定义点必须放置在自动连接线上，如图 54-2 所示。

图 54-2　连接定义点

通过双击连接定义点，打开连接定义点属性，可以设置连接的截面积、颜色等（见图 54-3）。

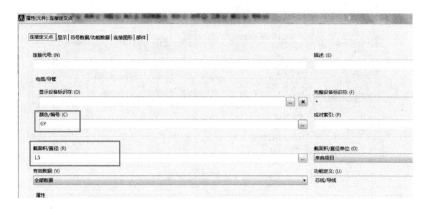

图 54-3　连接定义点属性

（2）连接导航器

通过【项目数据】>【连接】>【导航器】可以打开连接导航器，在导航器树视图（见图 54-4）中，连接是按照源设备或目标设备分类的，在列表视图（见图 54-5）中，每一根连接都以表格形式罗列出来。设计者可以根据需要，按照电位、位置代号等属性定义筛选器，对项目中的连接进行批量处理，如批量修改截面积。

图 54-4　连接导航器（树视图）

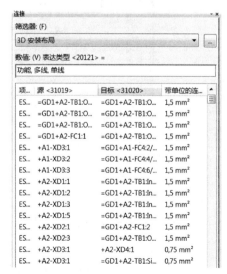

图 54-5　连接导航器（列表视图）

（3）自动放置连接定义点

通过【项目数据】>【连接】>【编号】>【放置】，为整个项目添加连接定义点。选择"基于电位"的配置（见图54-6）。

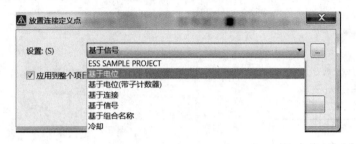

图54-6 放置连接定义点

（4）自动编线号

放置之后，连接定义点上显示"????"的字样，这是因为我们还没有对连接进行编号处理。可以通过【项目数据】>【连接】>【编号】>【命名】，为整个项目自动编写线号。

依旧选择"基于信号"的配置，并勾选"应用到整个项目"和"结果预览"，如图54-7所示。

图54-7 连接编号

通过"结果预览"可以看到编号的结果（见图 54-8），如果结果是你想要的，单击【确定】，即可完成线号编写；如果结果与预期不同，你可以在表格中手动修改，或者单击【取消】。

图 54-8　结果预览

54.4　思考题

? 连接定义点和电位定义点的差别是什么？

第55单元
连 接 编 号

对连接进行编号，可以方便我们后续导出连接列表指导加工生产，或者导出制造数据给自动加工机械完成裁线。在 EPLAN 中，定义好连接的编号规则，可以自动为项目中的所有连接进行编号；编号规则可以储存在项目模板或基本项目中，方便设计人员进行调用。

本单元练习的目的：

- 连接编号规则
- 连接定义点排列
- 对连接进行筛选
- 导出连接列表

对应 Docucenter 的编号：

- 无

55.1　术语解释

连接组

为了方便对不同类型的连接编号而进行连接分组，可以按照电位、信号、连接的源或目标设备等方式划分。

55.2 命令菜单

- 打开连接导航器：
  - ➤【项目数据】>【连接】>【导航器】
- 自动插入连接定义点和连接编号：
  - ➤【项目数据】>【连接】>【编号】>【放置】
  - ➤【项目数据】>【连接】>【编号】>【命名】

55.3 操作步骤

（1）打开连接编号设置

通过【项目数据】>【连接】>【编号】>【命名】打开连接编号对话框，并单击"设置"后的 **...** 按钮，打开连接编号设置对话框（见图 55-1）。

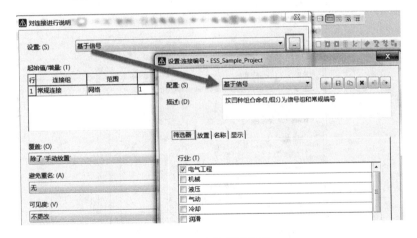

图 55-1 连接编号设置

（2）设置编号对象

打开"筛选器"选项卡，可以对编号对象进行定义，如图 55-2 所示。

在这里可以定义不同行业和种类的连接编号。

（3）连接定义点格式

在"放置"选项卡可以对连接定义点使用的符号和放置的次数进行定义（见图 55-3）。

图 55-2 "筛选器"选项卡

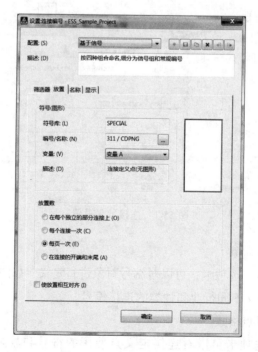

图 55-3 "放置"选项卡

（4）连接命名格式

在"名称"选项卡可以对连接编号的格式进行定义，如图55-4所示，单击
【新建】按钮可以添加连接的编号规则。"连接组"决定了规则影响的连接类型；
"范围"决定了哪些连接获取相同的连接代号，如"电位"，则相同电位的连接
获取相同的编号；通过"格式"可以定义利用哪些属性形成连接编号。

图 55-4 "名称"选项卡

注意，这里的连接组顺序对连接编号的结果是有影响的，因为已经命名过
的连接名称不会被新的名称覆盖。

（5）连接显示的属性

"显示"选项卡是确定连接属性显示格式的，可以统一设置连接属性相对于
连接的位置、连接属性的颜色、字体、方向等。这里的角度可以设置成"与连
接平行"（见图55-5）。

（6）重新格式化连接定义

对连接定义点格式做了修改之后，可以通过图55-6的操作重新设置连接定
义的格式。

（7）删除连接定义

如果想从整个项目中删除放置的连接定义点，可以单击【项目数据】>【连
接】>【编号】>【删除】。

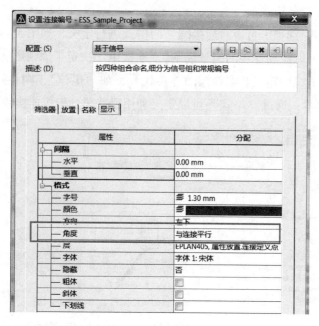

图 55-5   "显示"选项卡

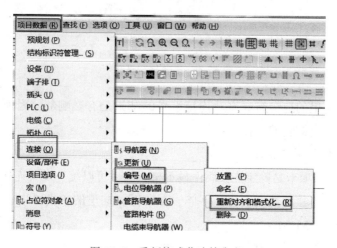

图 55-6   重新格式化连接定义

55.4   思考题

? 在项目模板中预定义连接的编号规则有什么好处？

第56单元
2D安装布局

在 EPLAN Pro Panel 中可以进行 3D 的布局设计，并完成自动布线、导出钻孔视图等工作。对于没有安装 Pro Panel 的用户来说，EPLAN Electric P8 提供了 2D 的安装板布局解决方案。

本单元练习的目的：

- 认识 2D 安装板布局导航器
- 创建页类型"安装板布局"的页
- 设置比例尺
- 放置安装板
- 图例位置
- 生成箱柜设备清单

对应 Docucenter 的编号：

- 📄 Documentation center >> BASIC_056.1

56.1　术语解释

箱柜设备清单
用于显示箱柜内设备信息的报表，主要用于指导生产完成箱柜布局。

56.2　命令菜单

- 插入设备：
  - ➤【插入】>【设备】
- 插入安装板：
  - ➤【插入】>【盒子、连接点、安装板】>【安装板】
- 打开 2D 安装板布局导航器：
  - ➤【项目数据】>【设备/布局】>【2D 安装板布局导航器】

56.3　操作步骤

（1）新建页

新建页类型为"安装板布局"的页（见图 56-1），并调整页比例到合适的大小，如 1∶5。

图 56-1　新建安装板布局页

（2）插入安装板

通过菜单：【插入】>【盒子、连接点、安装板】>【安装板】插入安装板，首先确定第一个点所在的位置，然后可以输入坐标。对于本练习来说是 375mm × 385mm（见图 56-2）。另外也可以从 Docucenter 导出的主数据中找到准备好的安装板，即插入设备"RIT. 1571700"。

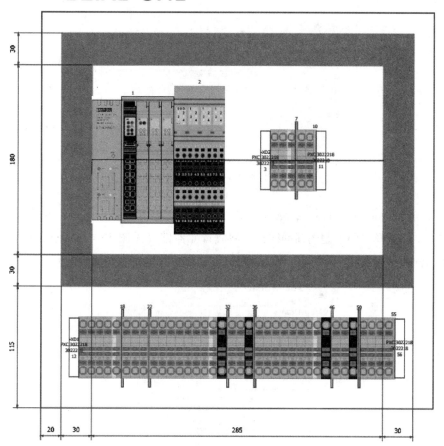

图 56-2 安装板布局样式示例

按照图 56-2 的比例，插入长方形预留出线槽的位置，绘制直线作为安装导轨辅助线。

（3）拖放元器件

打开 2D 安装板布局导航器（见图 56-3），将元器件拖放到安装导轨或安装板上。

图 56-3   打开 2D 安装板布局导航器

在安装板布局导航器中，选择要放置的元件，单击右键，找到"放到安装导轨上"，并选择之前绘制的辅助线，然后放置元器件（见图 56-4）。我们可以利用导航器上方的筛选器，按照位置代号筛选出要放置在这个安装板上的元器件。

图 56-4   放置元器件

（4）放置箱柜设备清单

打开【工具】>【报表】>【生成】，如图 56-5 所示，选择"报表"选项卡，单击【新建】按钮，设置输出形式为"手动放置"，并选择"箱柜设备清单"作为报表类型。

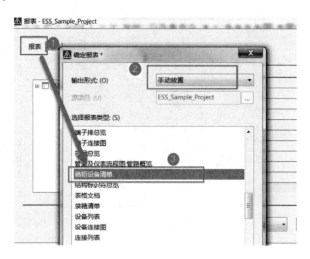

图 56-5　插入嵌入式报表

这种"手动放置"的输出形式可以帮助我们把报表放置在安装板布局的旁边（见图 56-6）。其中"图例位置（Item number）"可以通过在 2D 安装板布局

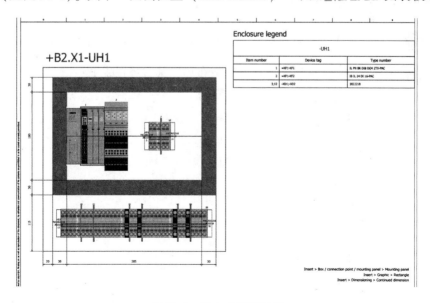

图 56-6　嵌入式报表示例

导航器中单击鼠标右键，选择"编辑图例位置"的方式进行重新编号处理（见图 56-7）。

图 56-7　编辑图例位置

56.4　思考题

? 布局时打开"对象捕捉"和"设计模式"有什么好处？

? 2D 安装板布局相对于 3D 安装板布局，其劣势在哪里？

第57单元
页 编 号

在 EPLAN Electric P8 中绘制好的图纸，可以通过页编号的功能实现自动重新编写页名。这大大增加了图纸增删的灵活性。

本单元练习的目的：

■ 对页名进行自动编号

对应 Docucenter 的编号：

■ 无

57.1 术语解释

页名

页名是图纸页唯一的标识，完整页名由图纸结构标识和图纸页号共同组成。注意区分页名和页描述的区别。

57.2 命令菜单

- 页编号：
  ➤【页】>【编号】

57.3 操作步骤

（1）打开页导航器

通过菜单：【页】>【导航器】，可以打开页导航器。

（2）页编号

在页导航器中选中所有页，或者选中整个项目，可以对页进行编号（见图 57-1），可以设置起始值和增量。

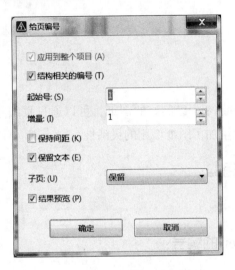

图 57-1 页编号设置

"结构相关的编号"选项如果取消勾选，整个项目页会顺序编号；勾选则不同的高层代号、位置代号等层级结构下可以有重复的页号。

我们也可以在编号时选择保留子页或一并重新转化成主页，例如某两页名原本为"1. a""1. b"，选择保留子页，则"a""b"字母会被保留下来；选择"转换为主页"，则会去除子页部分，页名变成"1""2"。

57.4 思考题

? IEC 81346、IEC 61355 等规范规定了什么样的图纸层级结构？（可参考相关规范）。

第58单元
页 筛 选 器

　　每个导航器中都有筛选器，通过筛选器可以对导航器对象进行筛选，方便进行一些批量处理。

本单元练习的目的：

- 筛选器
- 详细选择

对应 Docucenter 的编号：

- 📄 Documentation center > > BASIC_058. 1

58.1　术语解释

筛选器
筛选器是导航器上方用于对导航器对象进行筛选过滤的工具。

58.2　命令菜单

- 页筛选：
  - ➤【页】>【导航器】>【筛选器】
  - ➤【页】>【导航器】>【右键菜单】>【详细选择】

58.3 操作步骤

1. 定义页筛选器

如图 58-1 所示，单击 ... 按钮打开页导航器上方的筛选器。

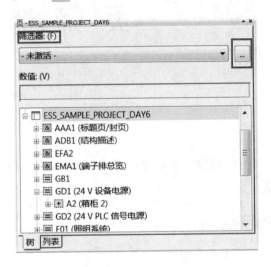

图 58-1   打开页筛选器

新建一个配置，给它起一个恰当的名字，如图 58-2 所示。

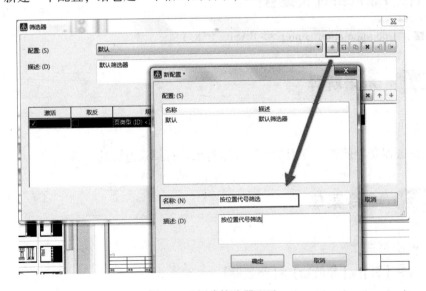

图 58-2   创建筛选器配置

按图 58-3 和图 58-4 所示定义筛选器规则。

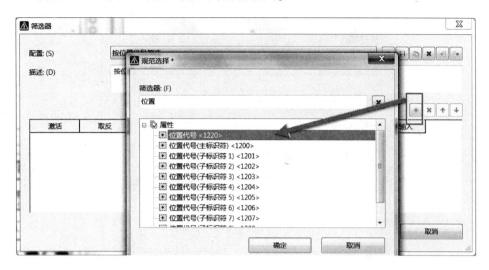

图 58-3　定义筛选器规则

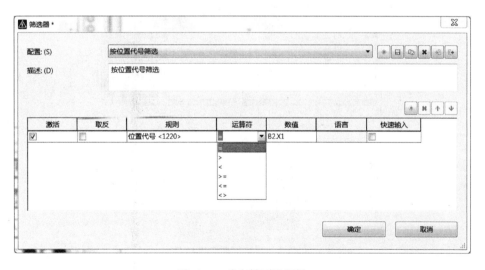

图 58-4　确定筛选器逻辑

单击【确定】按钮，你会得到如图 58-5 的结果。

2. 详细选择

在前面步骤中，我们定义的筛选器只能筛选出页结构中包含该位置代号的页。然而，在一些页结构不同的页中，可能会包含属于这个结构的设备。如果我们也希望通过筛选器把它们找出来，就需要用到"详细选择"的功能。

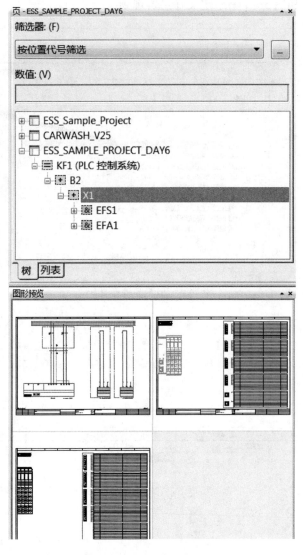

图 58-5   页筛选器筛选结果

在页导航器中单击右键，找到"详细选择"，然后打开图 58-6 所示对话框。

（1）单击"前筛选器"处的 ... 按钮，进入筛选器规则定义对话框。

（2）勾选"此级别的设备页也需考虑"。

（3）单击【新建】按钮定义规则。

（4）与图 58-4 所示定义相同规则的页筛选器，看一下筛选结果与之前有什么不同。

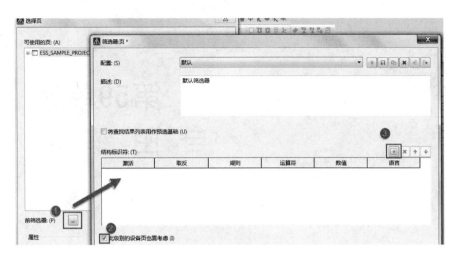

图 58-6　页的详细选择

58.4　思考题

? 在图 58-4 的筛选器中，如果勾选"快速输入"，有什么好处？

? 你在工作中还有可能会需要定义什么样的筛选器？

第59单元
自 由 练 习

本单元练习的目的：

■ 练习

对应 Docucenter 的编号：

■ 无

提示：

本单元是练习题，大家可以对照 Docucenter 内容进行练习。

第60单元
从外部编辑属性

有时候我们希望批量编辑一些对象的属性，可以利用 EPLAN 外部编辑属性的功能实现。可以将属性导出到 Excel，批量填写之后进行回读，这样大大提升我们的工作效率。

本单元练习的目的:

■ 学习外部编辑属性的方法

对应 Docucenter 的编号:

■ 无

60.1 术语解释

无

60.2 命令菜单

- 导入和导出数据:
  ➢ 【工具】>【从外部编辑属性】>【导出数据】
  ➢ 【工具】>【从外部编辑属性】>【导入数据】

60.3　操作步骤

为了快速批量创建页，可以采用外部编辑的方法表格式编辑页结构：

1. 新建多页图纸

用图 60-1 所示的方法新建多页图纸。

图 60-1　新建多页图纸

单击【应用】按钮，直到已经建立足够多的页之后，单击【确定】按钮即可。

2. 建立导出数据配置

选中如下新建的页，使用外部编辑属性的功能导出到 Excel 来批量处理。如图 60-2 所示。

（1）【工具】>【从外部编辑属性】>【导出数据】。

（2）单击"设置"后的 ... 按钮。

（3）新建配置。

按图 60-2 所示导入配置之后，确认配置，选择"用外部应用程序编辑并回读"，单击【确定】，如图 60-3 所示。

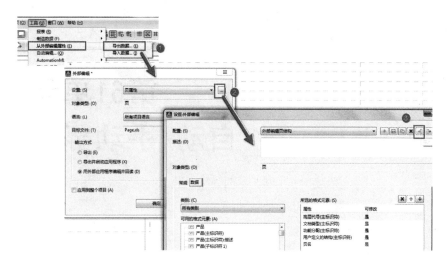

图 60-2　建立导出数据的配置

图 60-3　导出数据

Excel 将会被打开，我们可以在表格中修改相应属性，关闭 Excel，即可实现回读属性。

60.4　思考题

? 如何通过外部编辑属性的功能批量编辑整个项目中的电缆长度？

第61单元
自动/手动翻译

EPLAN 能够自动翻译项目文本和部件属性文本，翻译是通过维护字典库实现的。

■ 可以在一个字典中以多种翻译语言管理关键词。

■ 可导出未翻译的关键词，在 EPLAN 之外翻译并且同翻译文本一起再次导入。

■ 字典兼容 Unicode 字符。

■ 可设定无须翻译的字词。

■ 可以一键式自动翻译，也可以手动录入翻译字段。

本单元练习的目的：

■ 一键式自动翻译

■ 导出缺失词列表

■ 编辑字典

■ 词、句子、整个词条

■ 位置框

对应 Docucenter 的编号：

■ Documentation center >> BASIC_061. 1

■ Documentation center >> BASIC_061. 2

61.1 术语解释

1. 字典

字典是 EPLAN 平台中的关键词库，里面管理着词、词组、语句和段落在不同语言中的显示内容。

2. 项目语言

项目语言是一个项目中所有包含的词条的多语种显示内容集。

翻译模块处理的是项目语言，定义的是图纸和机器文档显示的语言。

3. 缺失词列表

经过翻译之后，在字典库中找不到翻译的文本会被 EPLAN 标识为"缺失词"。通过 EPLAN 可以将缺失词导出到 Excel 进行批量处理。

61.2 命令菜单

- 自动翻译：
  - ➢【工具】>【翻译】>【翻译】
- 导入和导出数据：
  - ➢【工具】>【翻译】>【导出缺失词列表】

61.3 操作步骤

1. 字典库设置

通过【工具】>【翻译】>【编辑字典】或者【选项】>【设置】>【用户】>【管理】>【翻译】>【字典】可以设置字典库，如图 61-1 所示。

字典库相关设置分为两部分：【选项】>【设置】>[项目]下的翻译是针对项目中的词条的；而【选项】>【设置】>【用户】下的则是针对部件库的。

主要的设置有：

（1）翻译的范围

项目中的设置包括：哪些页需要翻译，哪些属性可以被翻译（见图 61-2）。

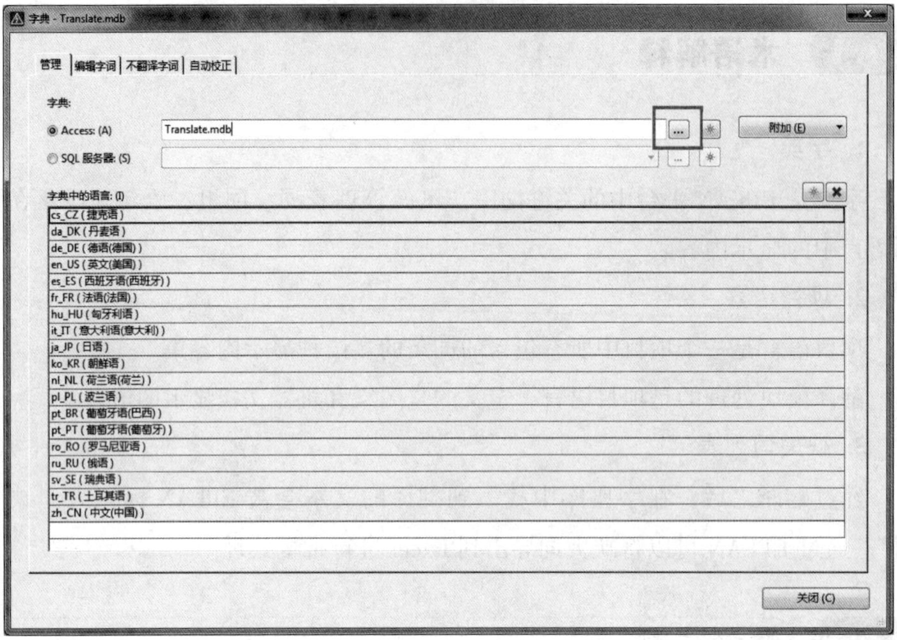

图 61-1　字典库设置

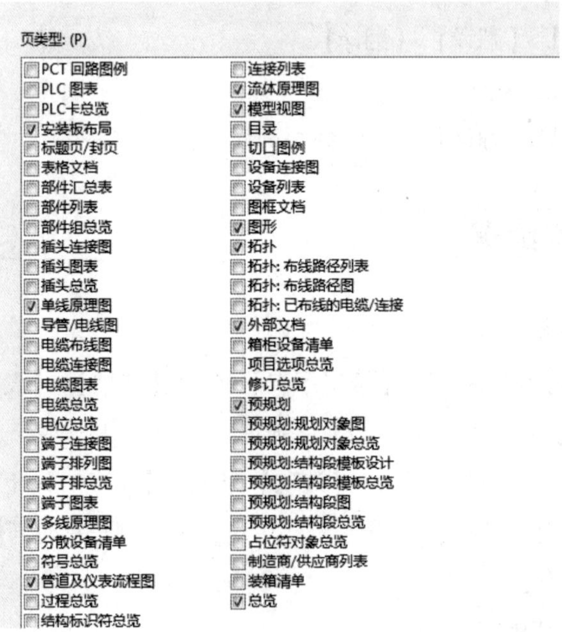

图 61-2　翻译的范围

用户设置中主要是哪些部件的属性可以被翻译（见图 61-3）。

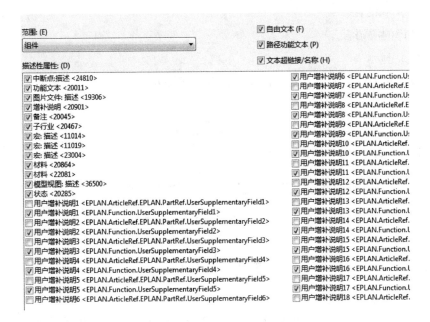

图 61-3　部件属性翻译范围

（2）翻译的单位（见图 61-4）

单词是仅有一个词构成的关键词。在源语言中作为单词录入的关键词，在另一个语言的翻译文本中可能是语句。

句子最少包含两个由空格或标点符号分隔的单词。即一个由两个单词组成的概念作为语句管理。在源语言中作为语句录入的关键词，在另一个语言的翻译文本中可能是单词。

图 61-4　翻译的单位

整个词条是记录文本框的总内容。

（3）源语言

翻译的源语言。

（4）显示

显示在图纸上的语言（可以选择多种，见图61-5）。

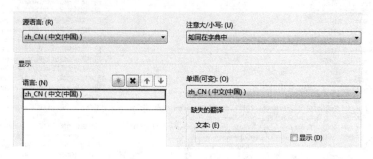

图 61-5　显示语言

（5）单语（可变）

　　有一些文本因为位置比较小，只能显示一门语言，就可以将这个文本属性设置为"单语"，单语（可变）指的是设置为单语的文本应该显示的语言。这样的设置在表格和图框中比较常见（见图61-6）。

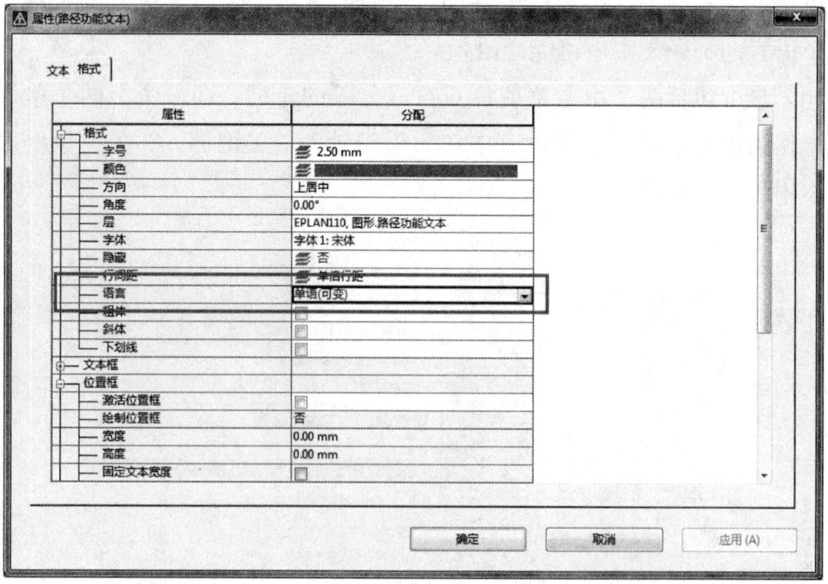

图 61-6　设置"单语（可变）"

（6）缺失的翻译

可以在【选项】>【设置】>【项目】>【翻译】>【常规】中，设置缺失的翻译显示的字符（见图61-7），这样项目翻译之后可以一目了然地看到哪些字段没有被翻译出来。

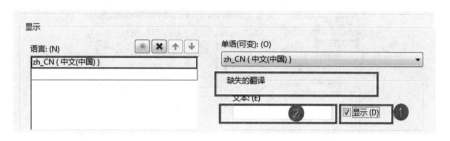

图 61-7　缺失词的显示

（7）不翻译字词

可以在【工具】>【翻译】>【编辑字典】的选项卡"不翻译字词"中将某些关键字设置成"不翻译字词"（见图61-8）。

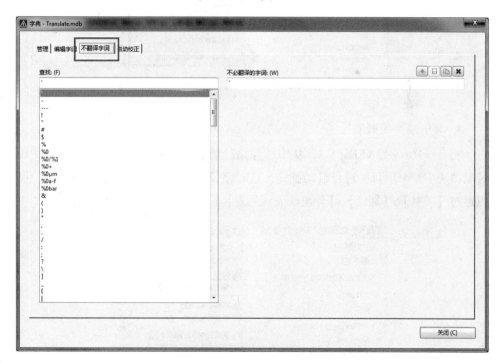

图 61-8　不翻译字词

2. 自动翻译

在设置中选择多种语言，并在页导航器选中整个项目，选择【工具】>【翻译】>【翻译】（见图 61-9），查看结果。注意项目、部件和主数据（图框、表格）需要分开进行翻译。

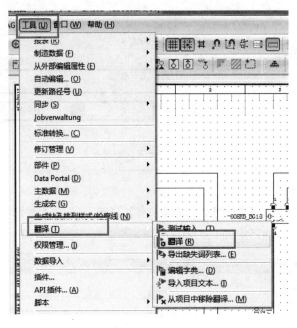

图 61-9   自动翻译

3. 导出缺失词列表

打开 = F01 + A2&EFS1 \ 3，从中移除路径功能文本引号内的内容，然后在页导航器选中整个项目，进行自动翻译。这时路径功能文本会被识别为缺失词，可以通过【工具】>【翻译】>【导出缺失词列表】（见图 61-10）导出缺失词列表。

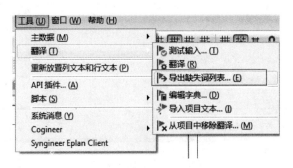

图 61-10   导出缺失词列表

将导出的缺失词列表用 Excel 打开（见图 61-11）。

图 61-11　用 Excel 打开缺失词列表

4. 导入缺失词翻译

通过 Excel 表编辑后，可以重新批量导入翻译字段（见图 61-12）。

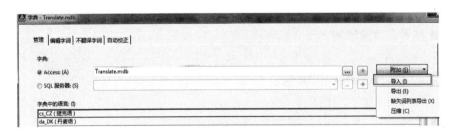

图 61-12　导入缺失词翻译

导入时，有的词条可能会出现"%0""%1"这样的字样。这是一个 EPLAN 内部占位符，为了给数字占位而存在。例如"交流 380V"和"交流 220V"，如果没有占位符，需要录成两个词条，通过占位符，它们可以使用同一个词条"交流%0V"。

导入完成之后，试着重新翻译项目，查看一下结果。

61.4　思考题

? 按照词翻译和按照整个词条翻译分别有什么优缺点？

第62单元
自动编辑

在 EPLAN 中可以将编辑项目的一系列动作定义在一个配置里，一次性完成。

本单元练习的目的：

■ 学习自动编辑的方法

对应 Docucenter 的编号：

■ 无

62.1　术语解释

无

62.2　命令菜单

- 自动编辑：
  - ➤【工具】>【自动编辑】>【执行】

62.3　操作步骤

（1）新建自动编辑配置

如图 62-1 所示，单击配置后面的 ┄ 按钮，然后单击新窗口配置后面的【新建】按钮。

图 62-1　新建自动编辑配置

（2）确定自动编辑步骤

在配置窗口中把图 62-2 所示的操作从"可用的操作"移动到"选定的操作"中。

单击【确定】，并试运行这个自动编辑的操作。

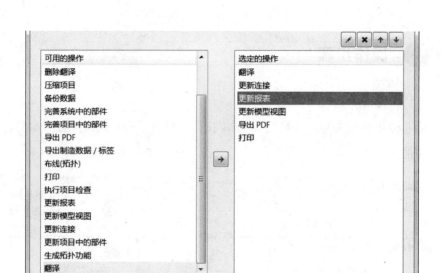

图 62-2　配置自动操作

62.4　思考题

？ 在使用 EPLAN 完成自己的工作时，哪些操作可以定义在自动编辑中？

第63单元
项 目 管 理

如果需要对多个项目进行批量处理，如导出 PDF、执行项目检查或者执行自动编辑等，就可以用到项目管理的功能。注意要使用这个功能，也需要和翻译、部件一样，有一个有效的项目管理数据库。

本单元练习的目的：

- 项目管理
- 读入目录和项目
- 导入地址
- 自动编辑

对应 **Docucenter** 的编号：

- Documentation center >> BASIC_063. 1

63.1 术语解释

无

63.2 命令菜单

- 项目管理：

➤【项目】>【管理】

63.3 操作步骤

（1）创建新客户信息

打开【工具】>【部件】>【管理】，在客户下新建两个客户名称，并维护好相关的客户信息，如图 63-1 所示。

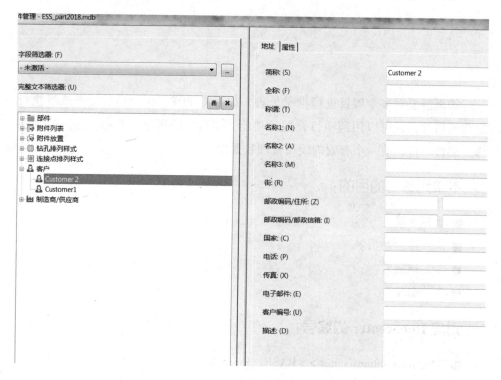

图 63-1 创建新客户

（2）读取客户数据

打开【项目】>【管理】，找到【附加】>【读取客户数据】，如图 63-2 所示，选择刚才新建的客户进行数据读取，可以将客户数据读取到项目的"客户"属性里。在此可以选择多个项目，进行批量操作。

（3）批量自动编辑

选中多个项目，单击右键进行自动编辑（见图 63-3）。

图 63-2　读取客户数据

图 63-3　自动编辑

63.4　思考题

❓ 我们还可以利用项目管理做哪些操作？

第64单元
修订管理——项目的属性比较

项目总是伴随着不断地调整与变化。如何更好地追踪不同版本图纸的变化呢？EPLAN 提供了"修订管理"的模块来解决这个问题。

通过"修订管理"，每一次项目的变更都可以被直观地标示在图纸上，您还可以通过 EPLAN 自动生成列表式的变更总览，记录下每一次修订的内容和原因，这让每一次的项目变更信息更透明，操作更便捷。

修订管理有两种方式，第一种叫项目的属性比较，我们会在本单元进行讨论。下一单元会讨论另一种方式：修订信息跟踪。

本单元练习的目的：

- 修订管理原则
- 生成参考项目
- 编辑修订项目
- 定义项目比较设置
- 比较项目

对应 Docucenter 的编号：

- Documentation center >> BASIC_064.1

64.1 术语解释

参考项目

用于进行项目属性比较的项目，后缀名为 elr。

64.2　命令菜单

- 完成项目：
  - ➢【工具】>【修订管理】>【完成项目/区域】
- 项目的属性比较：
  - ➢【工具】>【项目的属性比较】>……

64.3　操作步骤

项目的属性比较是建立一个参考项目（写保护）之后在对项目进行修改，并与参考项目对比，这样可以迅速找到哪一页图纸上的什么被修改了。用户可以自定义对比哪些属性，还可以将比较规则做成不同的配置，满足不同的变更追踪目的。

（1）生成参考项目

如图 64-1 所示，通过【工具】>【修订管理】>【项目的属性比较】>【生成参考项目】，生成参考项目。

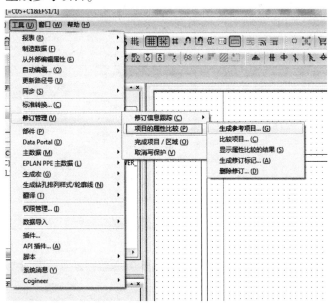

图 64-1　生成参考项目

如图 64-2 所示，为参考项目确定名称和存储位置。

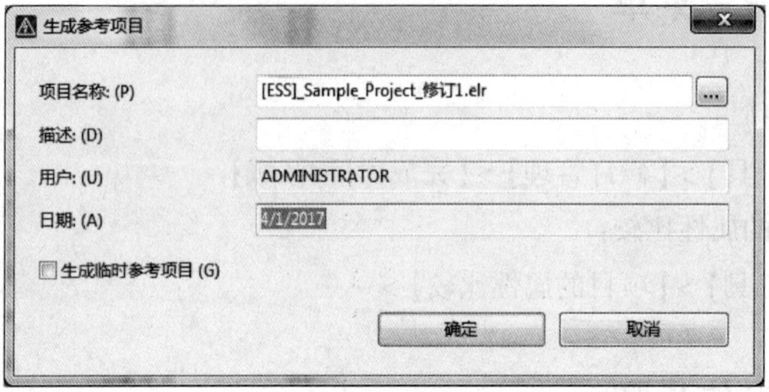

图 64-2　生成参考项目

（2）定义比较配置

在项目中做一些修改，然后打开【工具】>【修订管理】>【项目的属性比较】>【比较项目】，并单击属性比较设置后面的 ... 按钮，定义一个配置，并定义需要比较的内容（见图 64-3）。

图 64-3　项目属性比较配置

（3）查看比较结果

通过【工具】>【修订管理】>【项目的属性比较】>【显示比较结果】可以看到项目中哪些部分做了修改（见图 64-4）。

行	对象类型	设备标识符/名称	对象页	修改类型	属性	原值
1	页	=C05+C1&EFS1/1		修改	修改时间(自动) <11001>	9:37:48 AM
2	页	=C05+C1&EFS1/1		修改	更改日期(自动) <11024>	4 / 1 /2017 9 :37:48 AM
3	项目	c:\u =C05+C1&EFS1/1 data\projects...		修改	项目名称 <10000>	[ESS]_Sample_Project_修订1
4	项目	c:\users\public\eplan\data\projects...		修改	项目名称(完整) <10009>	C:\Users\Public\EPLAN\Data\Projec...
5	项目	c:\users\public\eplan\data\projects...		修改	更改日期 <10023>	4 / 1 /2017 10:59:03 AM
6	项目	c:\users\public\eplan\data\projects...		修改	修改时间 <10047>	10:59:02 AM
7	项目	c:\users\public\eplan\data\projects...		修改	修订: 源项目名称 <10149>	[ESS]_Sample_Project
8	项目	c:\users\public\eplan\data\projects...		修改	修订 [1] <10150 1>	
9	项目	c:\users\public\eplan\data\projects...		修改	修订: 源项目名称(全部) <10151>	C:\Users\Public\EPLAN\Data\Projec...

图 64-4 显示比较结果

64.4 思考题

? 你在日常工作中，需要做哪些属性比较设置？

第65单元
修订管理——修订信息跟踪

　　我们也可以从项目的初版生成一个修订，之后每次在修订项目上做的修改都会被标注出来，被修改的图上会出现水印，完成对这一页的修改之后，水印才会消除，而图纸上做的修改会被记录下来。这些信息可以被输出成"修订总览"报表。

本单元练习的目的：

- 修订管理原则
- 编辑修订项目
- 删除修订标记
- 显示删除的页
- 完成页
- 删除修订
- 生成修订

对应 Docucenter 的编号：

- 📄 Documentation center >> BASIC_064. 2

65.1　术语解释

修订项目

一种可以记录下项目中所做的修改的项目类型，后缀名为 ell。

65.2　命令菜单

- 完成项目：
  - ➤【工具】>【修订管理】>【完成项目/区域】
- 修订信息跟踪：
  - ➤【工具】>【修订信息跟踪】>······

65.3　操作步骤

（1）完成项目

在页导航器中选中项目名称，选择【工具】>【修订管理】>【完成项目/区域】，可以获得一个写保护的项目。

（2）创建修订

选择【工具】>【修订管理】>【修订信息跟踪】>【生成修订】（见图 65-1）。

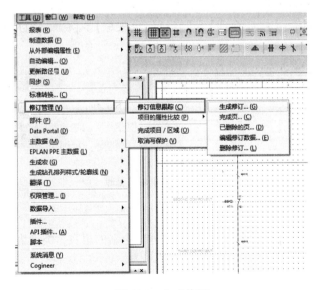

图 65-1　生成修订

（3）修改图纸

对图纸里的符号进行移动、修改、删除，图纸会被标记水印，修改的地方会被标注出来，如图 65-2 所示。

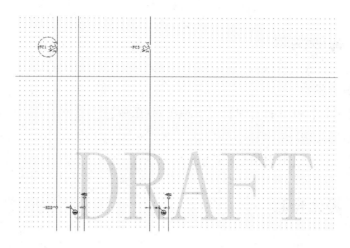

图 65-2   修订标记

（4）完成页

选择修改过的图纸，单击【工具】>【修订管理】>【修订信息跟踪】>【完成页】，如图 65-1 所示。

（5）查看修订信息

选择【工具】>【修订管理】>【修订信息跟踪】>【编辑修订数据】，可以看到修订内容，如图 65-3 所示。

行	修订名	工作区	注释	索引	描述	修改原因	页/布局空间	用户	日期
1	修订 2		第二版项目图纸					ADMINISTRA...	4 / 1 /2017 9 :23:06A
2				02	删除了端子	不用的端子	=C05+C1 &EF...	ADMINISTRA...	4 / 1 /2017 9 :28:58A
3	修订 1		第一版项目图纸					ADMINISTRA...	4 / 1 /2017 9 :19:49A
4				01	更改了断路器...	原来的型号停...	=A05+A1 &EF...	ADMINISTRA...	4 / 1 /2017 9 :22:31A

图 65-3   编辑修订数据

（6）生成修订总览

选择【工具】>【报表】>【生成】，创建一个新的报表，类型为"修订总览"。

（7）完成项目

项目修改完成之后，可以再次完成项目。

65.4   思考题

? 修订信息跟踪和项目的属性比较，分别有什么优缺点？